U0240162

EIN VERSUCHSHAUS DES BAUHAUSES

BAUHAUSBÜCHER

3

EIN VERSUCHSHAUS DES BAUHAUSES IN WEIMAR 包豪斯实验住宅在魏玛

号角屋——包豪斯实验住宅

〔美〕阿道夫·梅耶
Adolf Meyer / 著
刘忆 / 译

BAUHAUSBÜCHER
3

重庆大学出版社

为了参加于 1923 年夏天在魏玛 (Weimar) 号角街 (Am Horn) 首次公开举办的包豪斯作品展，格奥尔格·穆赫 (Georg Muche) 作为设计师和包豪斯建筑学院一起建造了这座实验住宅。

施工监理：
阿道夫·梅耶 (Adolf Meyer)、
沃尔特·马尔希 (Walter March)

1924 年夏天，本书才得以集结出版。其面世时间之所以推迟，是因为遇到了一些运营难题。国立包豪斯学校因此结束了在魏玛的活动，之后以安哈尔特州德绍 (Dessau) 包豪斯的名义继续运营。

硬装装修和室内整体软装搭配：借助德国工业技术，由柏林的阿道夫·夏莫非尔德 (Adolf Sommerfeld) 公司和国立包豪斯工坊共同完成。

打印：蒂奇-布吕克纳 (Dietsch & Brückner)，魏玛
印刷：布鲁克曼 (Bruckmann)，慕尼黑
排版：阿道夫·梅耶，魏玛

凡例：
所有脚注为译者注；除了脚注之外，所有的
文中注以 (※) 的形式标记，文中注亦为译注。

住 宅 - 工 业

WOHNH AUS-INDUSTRIE

瓦 尔 特 · 格 罗 皮 乌 斯

WALTER GROPIUS

人类天生就有能力将自己的住所建造得尽善尽美，但因为生性懒惰、怀旧，所以至今未能付诸实践。如今，面对严峻的世界局势，大至国家，小到个人，都不得不克服这种惰性。面对不断变化的外部环境，只要我们能够随机应变，终有一天可以实现最初的目标，建造比以往更便宜、更好、更多的标准住宅，为每个家庭建立健康生活的基础。目前尚未找到真正符合现代需求的实际解决方案，是因为我们还不能从社会、经济、技术和形式结构这些角度出发，全面地理解住房问题的本质，也就无法制定计划，统筹全局，从根本上解决问题。迄今为止，人们仍旧将目光局限在少数几个热门课题上，比如以替代和节约的方式建造，推进在地文化或审美方面的创新。其实，只要从整体上对和住宅有关的思想进行清晰的认识和明确的定义，那么，以何种策略进行实施，就只是建造工法和规模化管理的问题了。

“我们想要如何居住？”——若要对此达成共识，进行全盘统筹，我们还需要从当今社会的精神和物质积累中汲取更多灵感。住房的面貌有多么混乱，体现了人们对于现代人居住需求的想象是多么模糊。

每个人的房子各不相同，这是否符合人类的生活方式？当全世界各个地方的人都穿着同样的现代服装时，人们还将自己的住所布置成洛可可或文艺复兴的样式，这是否是精神贫乏和思想陷入误区的表现？以往三个世代的技术进步超过了人类过去几千年的积累，因此，我们斗胆号召大家，组织有序的物质生产，帮助精神得到解放。或许有一天，移动住宅的乌托邦也将不再遥远，这样一来，即使需要搬家，我们也能随时随地过上便利的舒适生活。

人类的居住是一种大众需求。今天 90% 的人不再想要定制鞋子，而是购买现成产品，因为这些产品以精密的方法进行制造，满足了大多数个体的需求，以此类推，未来每个人也将能够从仓库中订购适合自己的住房。今天我们的技术水平应该已经足够成熟了，但建筑产业依然几乎完全依赖古老的手工建造方法，机器在其中起到的作用微乎其微。因此，要解决这一重要问题，就亟需对整个建筑产业进行彻底的工业化改革。我们必须同时从三个各不相同又唇齿相依的领域着手：国民经济结构、技术，以及设计。只有协调以上三方，才能找到令人满意的解决方案，因为要解决错综复杂的住宅问题，单凭个人的力量无法胜任，只有众多专业人员集体协作，共同发力，才有机会做到。

降低住房的造价对国民经济而言至关重要。人们尝试采用更加严格的经营方法，以减少传统手工建造的成本，这一行动目前仅仅取得了小小的进展，无法从根本上解决问题。我们另辟蹊径，找到了一种新的手段，那就是在工厂中进行住宅的大规模生产，在专业车间而非工地现场制作可供拼配的单个组件。人们可以在建造现场将这些在工厂中以干法预制的房屋组件像安装机器一样组装在一起，这种先进生产方式的未来不可限量。我们接下来将对装配式干燥施工法（Montagetrockenbau）[1] 进行详细介绍，使用此法，许多问题都将不复存在：比如房屋构件在潮湿环境中发生变形的烦恼，比如使用砌浆和抹灰进行传统湿法施工时，等待房屋干燥的过程所消耗的时间。这样一来，我们或许就能一步到位，摆脱对天气和季节的依赖。

只有获得广泛的财政支持，这种工业化的建造方法才有可能成为现实。不成规模的小公司、工程师或建筑师永远无法凭一己之力将其付诸实践。而综合性公司涉足大量细分行业，在

1　通过组装工业制造的半成品构件进行施工，避免使用含水的建筑材料。

不同领域都有可靠的经济实力。因此，那些财力足够强大的建筑业主应该将目光放得更加长远，不断推进大规模的建造活动，在消费者组织和专攻垂直品类的企业入场之前抢占先机。这种施工方式将会带来巨大的经济优势，据经验丰富的专家估计，此法预期将节省 50% 资金，甚至有可能更多。这至少意味着每个打工人都有机会为他的家人创造一个良好、健康的居所，就像他今天受惠于世界工业的发展，能够以比以往几代人更低的价格购买日用品一样。产品之所以降价，是因为蒸汽和电力等机械力量取代了人工劳动，对这些力量善加利用，便也有可能降低房屋的造价。

另一种重要的降价手段则基于富有远见的财政政策改革：削减效率低下的金融中介机构，从而防止建造资金的利率上涨。

在全力推进前期筹备工作，为工业化批量生产寻找解决方案之前，必须先对住房问题进行解读，找到真正的关键需求——“我们希望如何居住？”结果会发现，许多惯性思维的产物都是多余的、过时的。比如，完全可以在无伤大雅的情况下减小房间的尺寸，以便提升居住的舒适度。既然大多数文明国家的居民都有着类似的居住和生活需求，所以很难理解，为什么人们建造的住房不像衣服、鞋子、箱子和汽车一样具有统一的特点？这种统一趋势正如时尚趋势，我们无需担心它会磨灭个性。别墅区的每座房子都有不同的平面布局、外型、风格和材料，这没有什么道理可言，倒是产生了无谓的浪费，体现出暴发户式的低劣品味。而散落在欧洲国家各个地方的古老农舍、18 世纪的市民住宅等建筑都几乎采用统一的平面和布局。不过，我们也要避免像英国郊区住宅这样完全一模一样的形式，其危害在于对个性的强制抹杀，这永远是短视的错误做法。因此，我们必须引入合适的组织，为住房的生产计划做准备，从而有效地满足那些合理的、个性化的需求，而这些需求因居民数量或职业类型而异。因此，组织的首要目标不是整座房屋，而是将建筑构件进行标准化、工业化的批量生产，然后将它们组装成不同的房屋类型，就像现代机械工业中的标准零件在不同的机器中都能得到应用一样。我们要对库存进行规划，一方面要在各种专业车间中生产所有的建筑部件，按需提供到建筑工地，另一方面要为类型和尺寸各不相同的房屋提供经过实践验证的装配图纸。由于所有借助机械、按照标准制造的部件互相之间都能精确匹配，因此，只要基于装配图纸，精确地进行施工，就可以在工地现场迅速地对建筑进行组装，只需使用较少的劳动力，可以由未经专业培训的工人承担部分工作，而且能够在任何时候和天气条件下施工。最重要的是，我们将彻底杜绝许多麻烦、尴尬的意外和巧合，这些都是传统建筑方法导

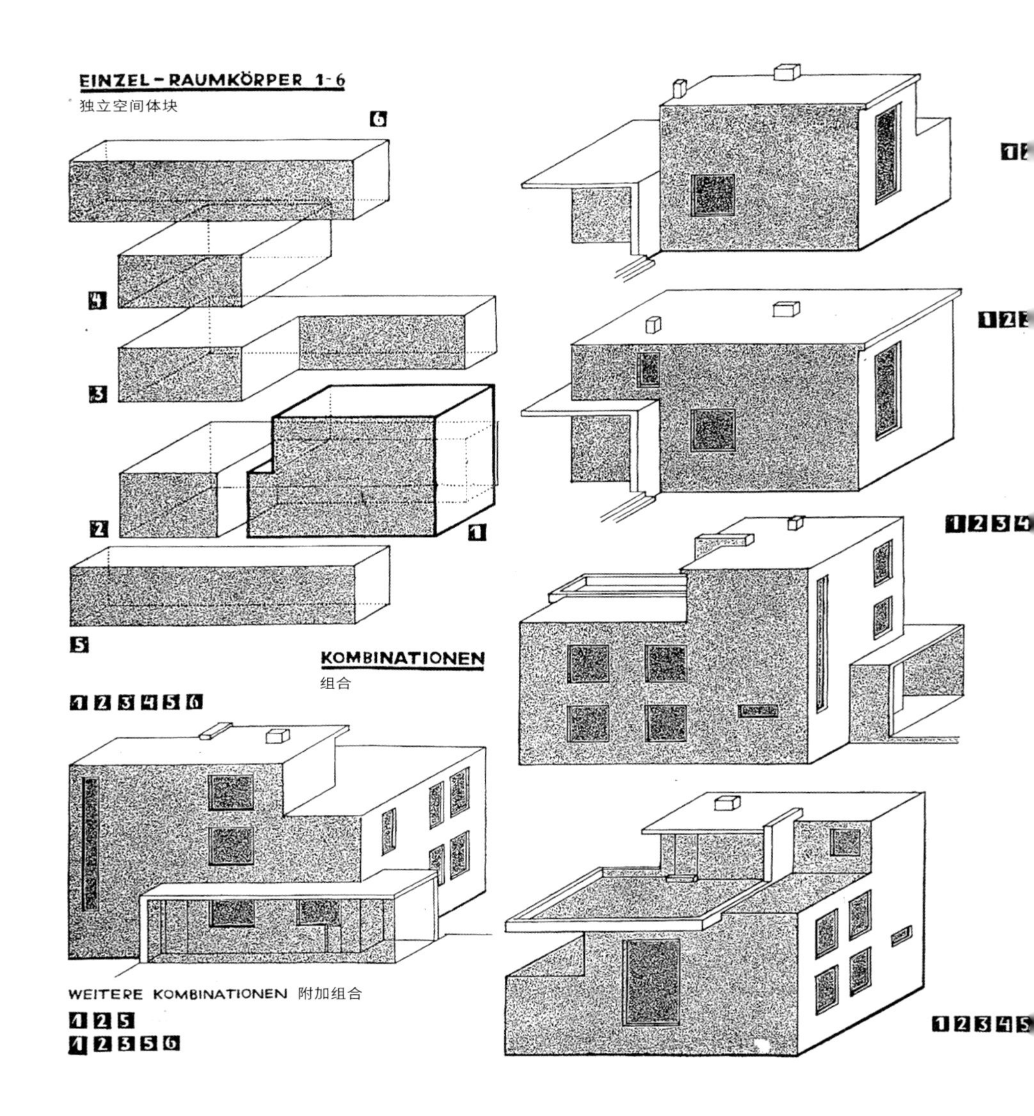

瓦尔特·格罗皮乌斯的批量住宅样板

TYPENSERIENHAUS VON WALTER GROPIUS

大型建筑套件，可以根据住户的人数和需求，按照事先准备好的装配图纸组装出不同的"住宅机器"（Wohnmaschinen）。

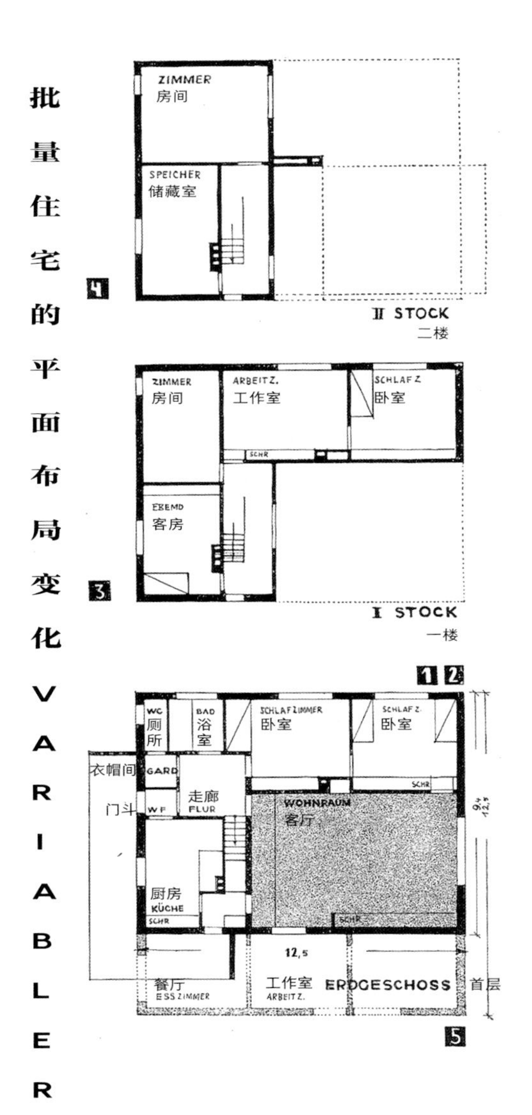

GRUNDRISS ZU DEN SERIENHÄUSERN

致的结果：因为墙体尺寸不准确或者灰浆湿度影响导致嵌入式组件的尺寸不合，日结临时工不按计划行事，缓慢的干燥过程导致工期拉长、利息增加，发生损失，除此之外，还有种种因为设计阶段过于匆忙而引起的问题。取而代之的是：精确匹配、机械制造的构件，固定的价格，以及又快又准、保障完善的建造工期。

要在实际中解决以上经济和组织问题，首先需要从技术入手。即使是在技术领域，提出这些问题，也意味着要彻底颠覆现有的建造方式，这不仅涉及建筑材料，而且关乎建筑结构。目前大多数建筑都使用石头、砖头和木材等传统天然建材，房

批量住宅模型（1.2.3.4） MODELL ZU

屋的建造过程主要在建筑工地进行，因此，人们必须将所有的配套设备和机械运输到建筑工地，这样就会增加交通成本。与固定的工厂相比，这种流动作业的不足之处在于一切只能凭感觉进行。使用老式的湿法进行建造，人们便无法提前计划建筑主体干燥的时间以及内部装修的过程，因为它会受到天气条件的影响。尽管通过增大砖块的尺寸、进行统一有序的施工管理等方法，可以改善这些工地上的老套工法，但并不能一劳永逸地降低成本、简化程序。因此，我们在技术上必须采用与以往不同的建筑材料，使用经过机械加工的材料取代天然毛料，从而充分利用干法装配式建筑的优势。此处的目标不是制造替代

SERIENHAU

品，而是改进自然产物，将其变为完全均匀、绝对稳定的材料（例如轧钢[2]、水泥基复合材料[3]、塑木[4]）。只有将墙壁、楼板和屋顶等建筑部件的生产全面工业化，才能针对以上问题提出统一的解决方案。

为此，房屋的结构也会发生翻天覆地的变化。我们寻找的是这样一种材料：比起老式的实墙，该材料拥有同样的承重和保温隔热性能，但是体积更小、重量更轻，这样人们就可以将其制作成整层楼高的大块墙面，还能搬得动它。另外还有一种选择，那就是将建筑物分解为由钢材或钢筋混凝土制成的承重结构，以及墙壁、屋顶和天花板这样的非承重填充结构。上述承重结构可以由用钢材或钢筋混凝土制作的梁、柱构成，它们以斜撑或框架的形式相互连接，其作用类似于桁架木屋（Fachwekbau）[5] 中的木制支撑骨架。墙壁、天花板和屋顶内将会填充标准尺寸的建筑板材，这些板子必须使用耐候性好、结构可靠、孔隙度适中、具有韧性和保温隔热性能的轻型材料，借助机械手段进行生产。类似的板材形式已经开始应用在常见的浮石混凝土板[6]、石膏板[7]以及加筋泥炭板（Torfoleum）[8] 等

2　轧钢使用了轧制技术，轧制又称滚制或压延，指的是通过成对的滚轮来为金属锭塑形的过程。如果塑形时金属的温度超过其再结晶温度，那么就是“热轧”，否则为“冷轧”。

3　将合成纤维等短纤维和砂浆混合制成的加强复合材料，和普通水泥不同，这种材料延展性高，脆性低，故而拥有广泛的应用范围。

4　由木质纤维和塑料混合制成的复合材料，结合了二者的特性和质感。

5　德语区常见的木构房屋，用木头制成桁架骨架，缝隙间填充粘土或砖石。木制骨架常常外露，形成独特的墙面外观。

6　加入轻质火山浮石或者人造浮石的混凝土材料。

7　主要成分为石膏的轻质板材，常用于制作室内吊顶、墙面和吸声装置。

8　一种历史悠久的保温隔热材料，主要由泥炭压制而成，有时与沥青、焦油或其他化石物质相混合。材料内部的多孔结构可以截留空气，产生保温作用，但也容易吸收水分，发生腐烂。泥炭板由于各种原因已不再生产，其原因之一是为了保护沼泽生态系统。

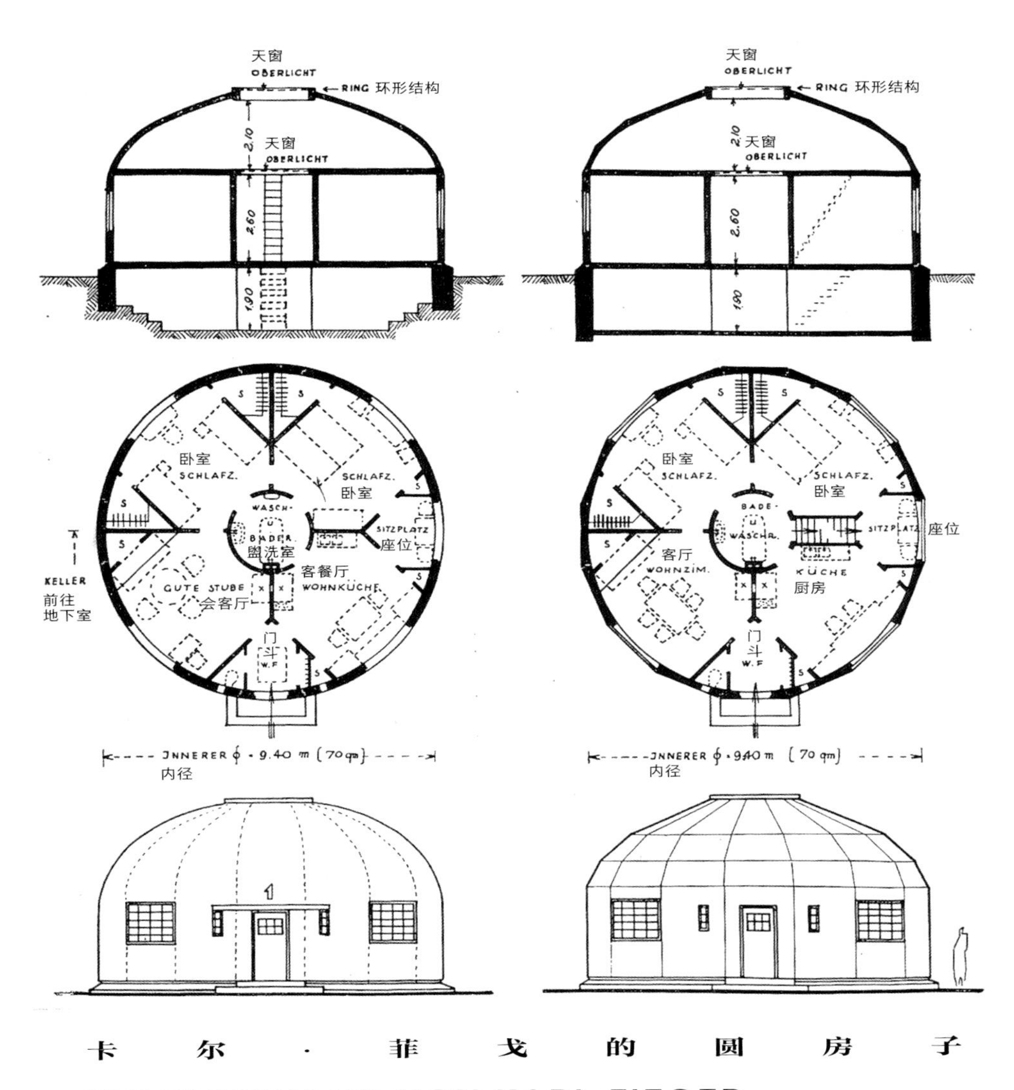

卡尔·菲戈的圆房子

EIN RUNDHAUS VON KARL FIEGER

■目标：使用在工厂加工的同类建筑材料，减少使用建筑工人，采用圆形穹顶的形式，这样可以最有效地利用空间。■施工：将 16 块轻质标准板材以尽可能结实的方式固定在一起，顶部用一个环形结构连接。墙壁逐渐向上收束为屋面，二者形成一个整体，省去了不必要的木工、瓦工、水管工工作。轻质板材是用多孔、坚固的材料制成的，能够保温隔热，材料内表面平滑，外侧覆盖一道防水层，因此节约了内外墙体的抹灰费用。墙板借助位于天花板高度的扣环固定在一起，同时又支撑着隔层楼板。同一个安装工人可以在工地上组装由轻质板材批量裁切而成的组件、隔墙、隔层楼板、模块化地板，还有门窗，于是我们不需要再分门别类地聘请工人。雨水管道铺设在环形地基内部。■另一种施工方式：制作一个坚固的钢制或铝制穹顶骨架，安装混凝土门窗边框，使用托克雷特（Torkret）公司发明的简单工法。（＊）在骨架上喷射混凝土砂浆，形成墙体。

建材产品中。至于墙壁、楼板、屋顶上的零部件以及相应的承重结构，其工业化生产仍然是一个亟待解决的难题。不过，门、窗、楼梯、饰条、设备和内饰组件的规范化批量生产方法正在完善之中，虽然这些产品依然有赖于手工生产，而不是基于工业化的批量生产。在结构和材料方面，制造火车、船舶、汽车和飞机的车辆工程师已经领先于建筑工程师，因为他跑通了整个流程：从使用钢、铝、玻璃等经过机器加工的均质建材，到进一步利用这些建材，以机械化方式生产建筑构件。因此，他的经验对于大规模的住房建设而言具有直接的借鉴意义。

从艺术的角度来看，新的建筑方法也值得肯定。有观点认为住宅建筑的工业化会导致建筑形式变得丑陋，这是完全错误的。相反，标准化的建筑元素效果很好，可以让新建住宅和城区形成统一的形象。不必担心它们会像英国的郊区住宅一样单调，只要遵守基本的要求，仅仅将构件进行标准化的生产，由此建造的建筑反而能够保持多样化。在标准构件的制造过程中，其形式将完全由用途和功能决定。它们的“美感”来自精心处理的材料和清晰简单的结构，而不是与二者无关的美丽装饰和造型。从这些构造元素中，在建筑物这座“大型积木”里，自然而然形成了一个经过精心设计的空间，而空间的质量取决于建筑师的创造才能。标准组件无论如何都不会限制我们想要的个性化设计，构件和材料在不同的建筑中不断重复，营造出一种宁静有序的氛围，就像整齐划一的着装一样。这样的建筑依然能够充分表达民族和个人的特色，最终体现当今时代的特征。

住宅建筑工业化面临的整体难题只能通过调动非常规的公共手段来解决。它的经济意义如此重要，以至于业内外人士纷纷强烈要求政府公开采取行动，为解决问题做好准备。国家和地方政府是建筑业最大的业主，负有促进经济和文化发展的责任，理当充分利用一切引导性手段，帮助降低住房成本。政府所推崇的那些替换材料、低成本建造的方法从战后开始沿用，至今未能达到预期的目标。我们必须建立公共的建筑试验场！就算是工业化批量生产的物品，其形态也需要经历无数次的打磨，才能做好万全的准备，在这个过程中，商家、工程师和艺术家都必须参与其中。同样的，标准化构件的生产只能通过工业、经济和艺术界的广泛合作来进行，直到确定标准的形式和规范。真正的远见和节约就在于此，而不在于制定某些“替代工法”。显然，建造首批样板房，就像在工业实验室中制作模型机一样，可以为便宜的批量化生产打下基础，但是也需要大量的投入。试验的资金由消费者组织承担，他们后续可以从下降的建筑成本中受益。因此，这些人是对建立先进建筑试验场最感兴趣的人，在试验场，人们可以根据统一的方针进行规划，对当下的成果予以总结，并且尝试融入新的建筑方法。要在建筑业实现如此深刻的变革，当然只能循序渐进地进行推动。尽管遭遇种种阻力，最终变革将会到来，因为众所周知，建筑业已经造成了巨大的资源、时间和劳动力浪费：大量的住宅区和综合体依然采用无数形式各异的方案设计，以手工的方式进行建造，而不是使用统一的图纸，用标准化的建造工艺完成生产。

批量住宅的模型。在同一个基本户型的基础上，将重复的空间单元进行多种组合搭配，产生丰富的变化。

MODELLE ZU SERIENHÄUSERN. VARIABILITÄT DESSELBEN GRUNDTYPS DURCH WECHSELWEISEN AN- UND AUFBAU SICH WIEDERHOLENDER RAUMZELLEN

包豪斯 实验住宅

DAS VERSUCHSHAUS DES BAUHAUSES

格 奥 尔 格 · 穆 赫

GEORG MUCHE

如果居民不去顺应时代风潮，改变生活方式，再美的房子也毫无用处。

过时的思维可以把最漂亮、最实用的房子变成一个杂物间，充斥着无用、过时的家具，多余的工艺品、纪念品和传家宝；或者变成一座私人博物馆，为了展现房屋主人的绝佳品位，囤积着来自古老手工文化不同时期的艺术品和日用品。

这样的房子脱离了时代。它们更多是在记录过去，并无益于城市的发展和美化。

住宅的理想在于未来，而非某个已经逝去的文明时期，它源于当今时代对于文化、社会、经济和卫生方面的追求。住宅是为了照顾人类身心健康而设置的，要对住宅加以完善，必须联合科学研究和技术创新的力量。我们有必要应用最高效、最经济的原则，并且尽可能使用机械和电力来替代人力劳动，从而实现居住环境的变革、完善和简化。

在繁琐而不合理的传统家务劳动中，家庭生活的乐趣所剩无几。女性身上堆积了过多机械且重复的无聊家务，并且因此遭到贬低，仿佛她除了劳动之外一无是处。她没有兴趣追求更高的生活质量，情愿沉浸在怀旧的情绪中怀念过往。这无意中令家庭生活陷入沉寂，难以再提供呵护和孕育的场所，产生与时俱进的活力。

厨房的布置往往涉及整个房间，一旦布置有误，将会带来许多问题，导致浪费时间。厨房应该是主妇的工作场所，是她的实验室，在这里，任何多余的空间和不顺手的设备都会持续产生额外的工作。它必须成为一个机器，一个工具。女主人的时间是宝贵的，不能因为过时的厨房规划而日复一日地忍受麻烦。

在取消个人家务工作，引入大规模合作社住宅[1]之前，女性暂时无法彻底摆脱这些家务负担，就只能不断地改善私人公寓的空间布局和组织效率。在合作社住宅中，每个人和每个家庭都可以租用他们需要的房间数量和类型（空房或者配备家具，有或没有厨房），其管理和经营方式根据住户的需求决定，由受过专业培训的工作人员负责，这是最适合时下经济社会结构的居住模式。

1　一种新型的住宅模式，由居民自愿参加、自筹资金、自有产权、自己使用，自行管理、互助协作，因此在功能和设计上也具有较高灵活性。

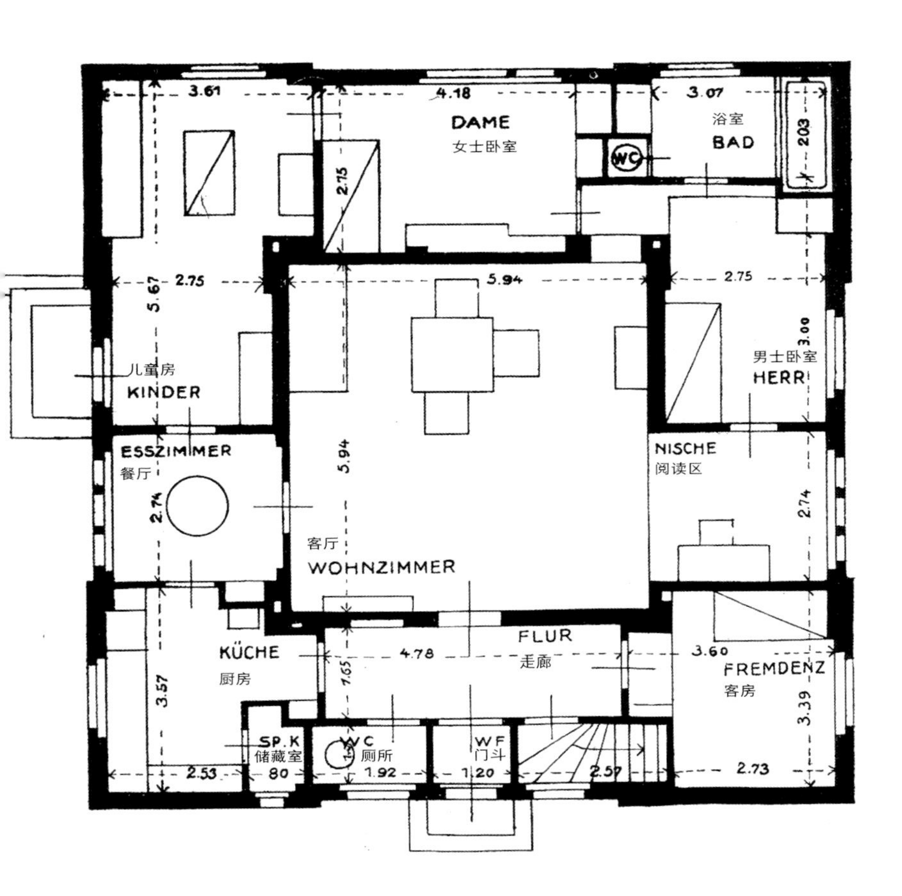

平面布局　　　　设计：格奥尔格·穆赫

GRUNDRISS　　　　ENTWURF: GEORG MUCHE

住宅的外观设计必须体现出今天这一代人的审美意识。如果将机械手段充分应用在造型领域，我们的时代就不会沦落到缺乏美感，也不会陷入无视形式的野蛮主义，因此，家具和设备的形式应当与未来工业化和标准化的机器生产水平相匹配。

要推动城市的现代化、国家制度的建设、居民生活条件的改善以及民族文化的多样化发展，房屋和住宅的现代设计既是前提，也是目标。

国立包豪斯于 1923 年夏季为其展览建造了一座独栋住宅，这座房子试图从室内布局入手做出尝试，探索现代独栋住宅的基本形式。

在这座为展览建造的第一个房子中，设计者故意将平面布局设计得一目了然：通高的宽敞起居室位于中心，周围均匀分布着更小、更矮的辅助空间。这是一种实用型的布局，因为它减小了一部分房子的体积，从而在建造和家务方面都降低了成本——在过多和过大的空间中，都会源源不断地产生额外的家务劳动。

在 12.70 × 12.70 米的面积内，各个房间根据实际功能关系进行划分。因此，我们在设计中尽量限制或者避免产生过道和楼梯空间，完全根据用途布置每个房间。厨房应该只是厨房，而不应该同时是家庭的起居室（即所谓的“起居厨房”）。厨房注重实用，各类便利设施配备齐全：热水器、清洁水槽、专用排水槽、市政电话和家庭电话、通电插座、燃气和电炉、食品储藏室、扫帚橱和桶柜。桌子放在窗前，与灶具、低矮的橱柜台面以及清洁水槽一起形成一个宽大、等高的连续工作台面，使得这个小空间拥有相当于普通厨房两到三倍大的可用面积。

储藏室和杂物间、洗衣房（配备电动洗衣机和烘干机）以及中央供暖系统的锅炉都安置在有采光的明亮地下室中。

餐厅只是用餐的地方，而不应该同时充当工作和居住的地方。它仅仅是为了短暂的停留而设置的，因此只需要大到可以允许六到八人轻松坐在桌子旁边。房间的地板上划分出色块，墙壁进行涂色处理，窗户格外宽大，餐具柜内嵌在墙里，所以这里只布置了用餐必需的几样家具，既没有地毯，也没有常见的自助餐柜。餐厅所处的位置保证房子里的其他房间免受厨房气味的影响。厨房和走廊之间还设置了一个门斗[2]，将二者隔离开来。

位于中央的客厅是居住者主要停留的地方，和其他房间不同，这里越大越好。周围的房间保护着这个 6 x 6 米的大房间免受外部低温的影响，而且，在客厅上方的屋顶和外墙上，也用泥炭材料进行了保温隔热处理，因此这个房间不仅易于加热

2　在建筑物出入口设置的，具有分隔、挡风、御寒等作用的过渡空间。

面向号角街的主入口立面

SCHAUSEITE VON DER

升温，而且在夏天可以很好地防止日晒过热。室内的光线来自上方的高侧窗（使用内层为磨砂玻璃的双层玻璃）和书桌区域的宽窗。

父母的卧室是一个内置浴室和洗手间的双人间，设有宽敞的嵌入式衣柜。为了实用和美观，浴室的墙壁覆盖着白色的雪花石膏玻璃（Alabasterglas）[3]，地板材料则是橡胶。

儿童房直接和女主人的卧室相连，并有一扇通向露台的门。房间经过精心布置，尽可能为孩子营造健康而方便的环境。墙上包裹着黄、红、蓝三色的可擦写墙板，大概占据了墙壁一半的高度。玩具柜的一部分由便于移动的浅色箱子组成，这些箱子同时也可以用作儿童桌椅、积木和游戏道具。房间另一边配有洗衣柜、床和提供自来水的洗手台。在房间照明系统中使用管灯是一次创新之举，搭配经过造型设计的灯座和部分进行磨砂或镜面处理的灯管，灯具便不再需要加上灯罩。将多个灯管进行精心组合，可以形成一整套漂亮的照明系统。

3　一种质感类似雪花石膏的半透明白色玻璃，最初于 19 世纪在波西米亚地区生产，20 世纪 20 年代由弗雷德里克·卡德（Frederick Carder）在纽约康宁的 Steuben 玻璃厂推出。雪花石膏则是一种块状硫酸钙（石膏）或者碳酸钙（方解石）矿物，质地柔软，一般呈雪白色、半透明，并能人工染色，经过热处理还可以变得不透明，其外表类似大理石，常用于雕塑、雕刻以及制成其他装饰品。

SCHNITT
ANSICHT
GRUNDRISS
剖面图和平面图

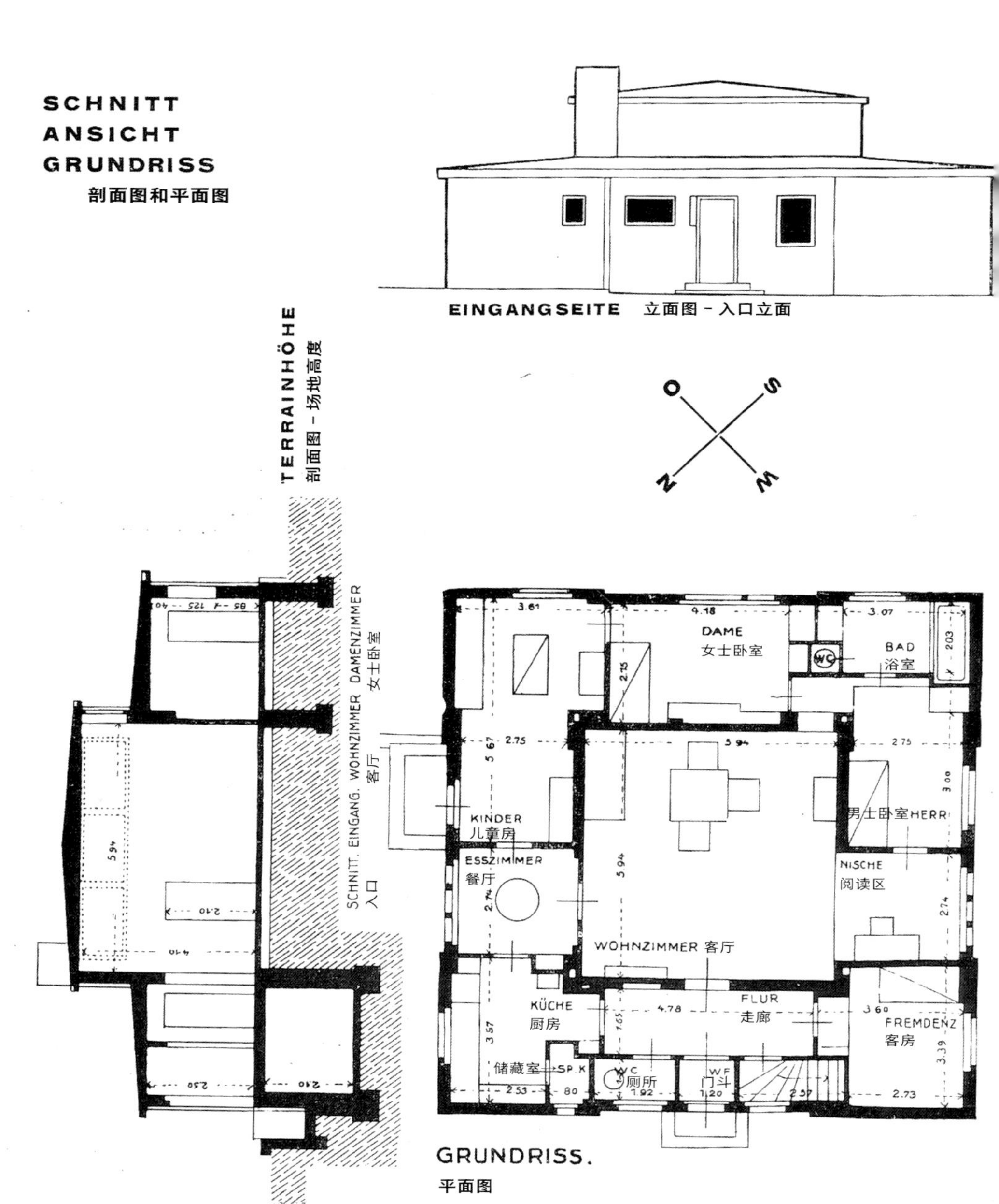

GRUNDRISS.
平面图

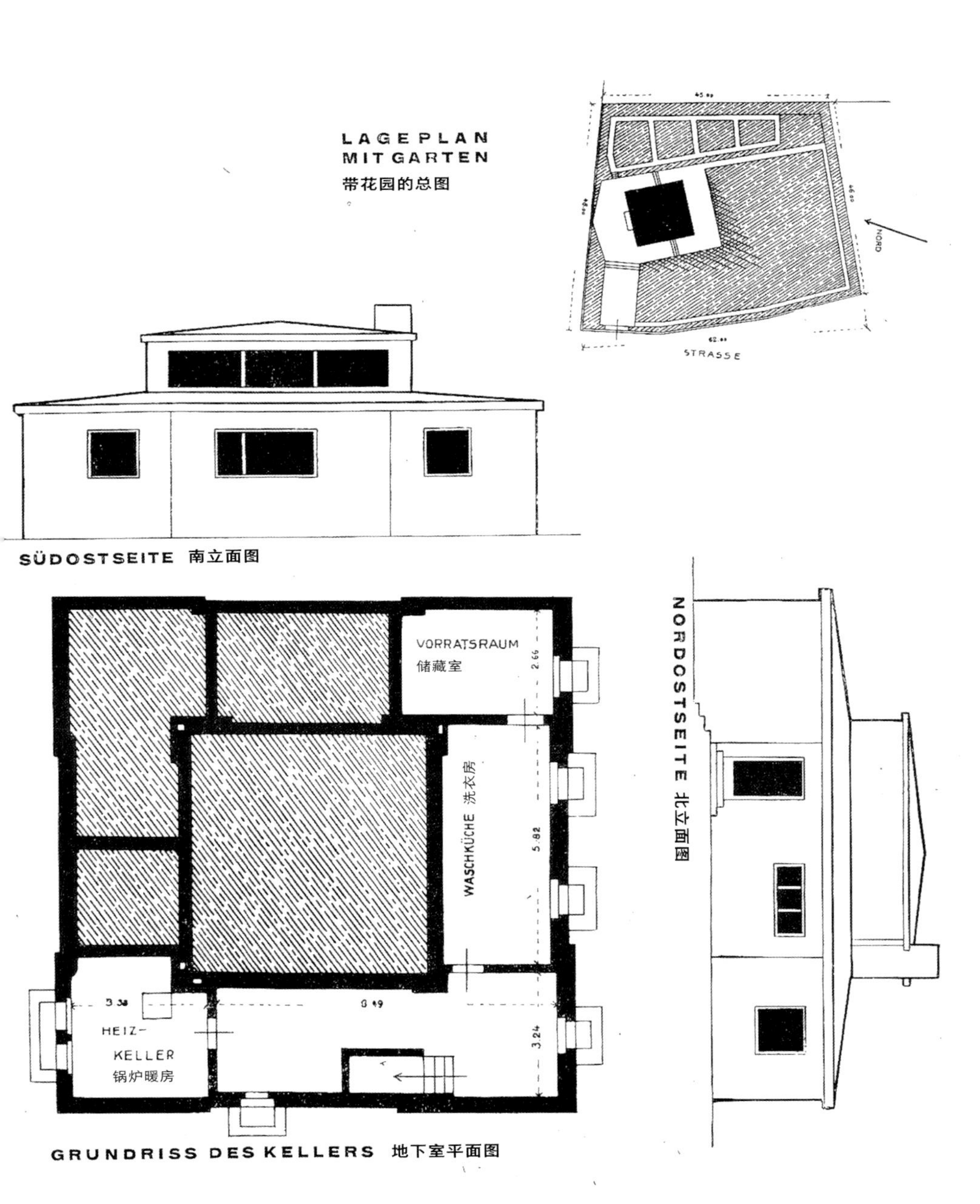

LAGEPLAN MIT GARTEN 带花园的总图

SÜDOSTSEITE 南立面图

NORDOSTSEITE 北立面图

GRUNDRISS DES KELLERS 地下室平面图

户型变体

第 32、33 页的设计方案是实验住宅的变体，它们展示了标准户型的可变性。

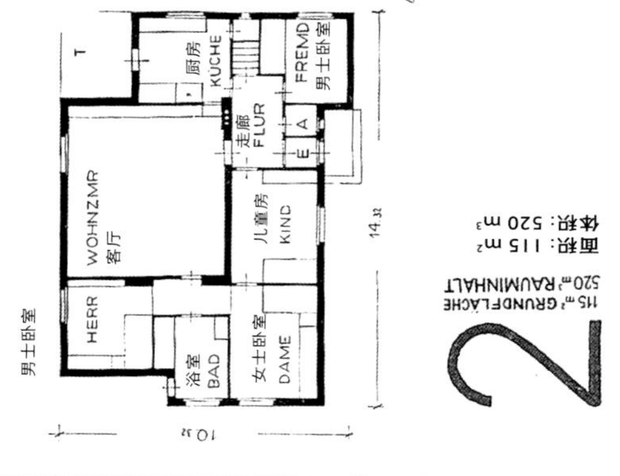

2 号户型

带有通高客厅的独栋住宅，客厅可以单面采光——阿道夫·梅耶

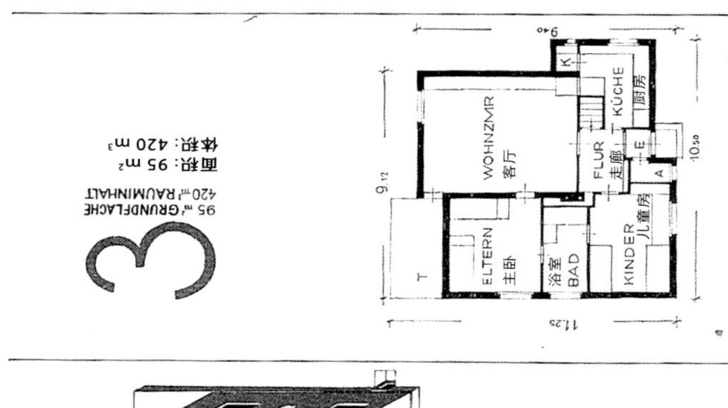

3 号户型

带有通高客厅的独栋住宅，客厅可以双面采光——马塞尔·布劳耶（Marcel Breuer）

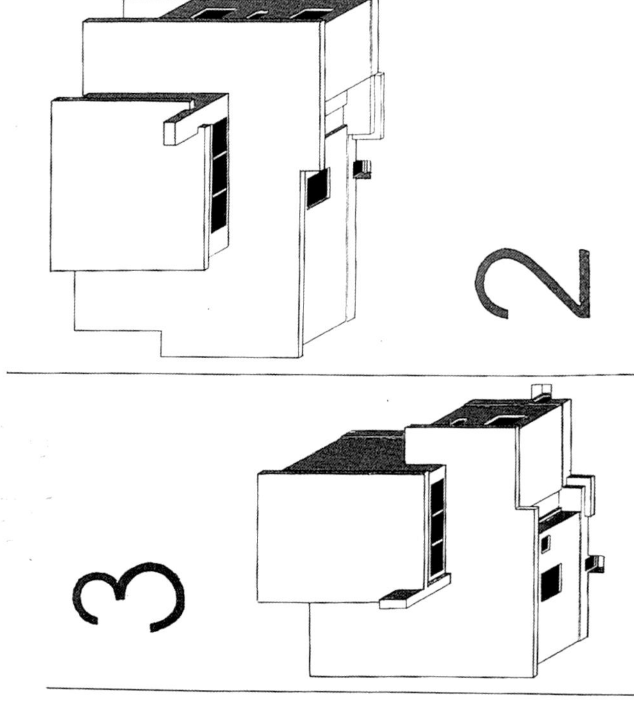

体积: 540 m³

带有通高客厅的排屋

M. 莫尔纳 (W. Molnar)

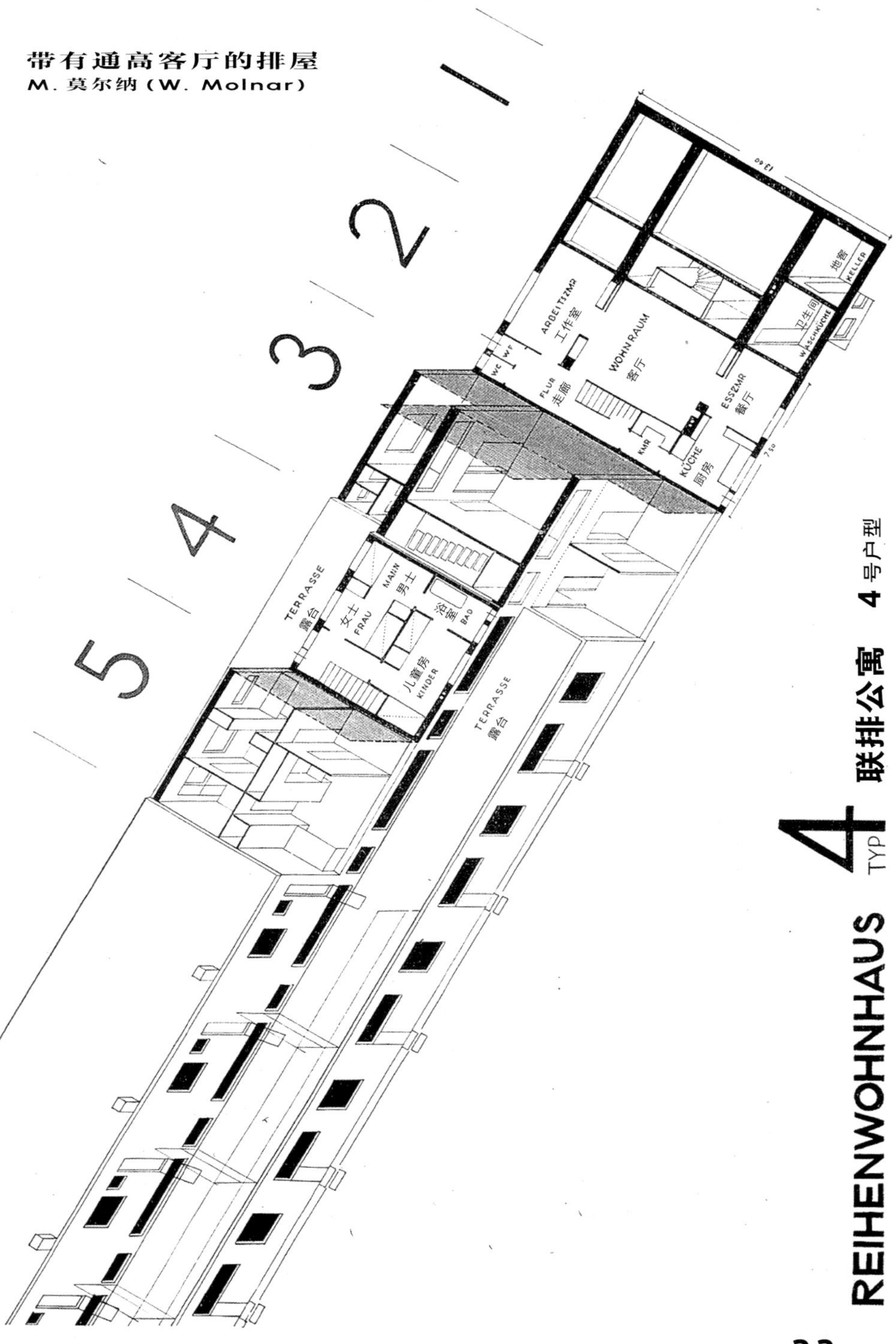

1
2
3
4
5
ARBEITSZMR
工作室
WOHNRAUM
客厅
FLUR
走廊
ESSZMR
餐厅
KMR
KÜCHE
厨房
WC
WF
卫生间
WASCHKÜCHE
地窖
KELLER
TERRASSE
露台
女士
FRAU
MANN
男士
浴室
BAD
儿童房
KINDER
TERRASSE
露台
750

REIHENWOHNHAUS 4 TYP 联排公寓 4号户型

实验住宅的构造设计

DER AUFBAU DES VERSUCHSHAUSES

阿道夫·梅耶

ADOLF MEYER

1923 年，一座独栋住宅完成建设，这是国立包豪斯学校住宅规划中的第一座建筑。

建造过程耗时四个月，项目于 1923 年 4 月 11 日奠基，同年 8 月 15 日完工。

建造时正值通货膨胀时期，因此建筑材料和构造的选择很有限。尽管如此，我们还是建造出了体现当前技术水平的建筑，这主要归功于工业界参与者的理解和合作。

在选择建筑材料和构造时，我们优先考虑了那些符合新型综合性建筑理念的产品和方法。

项目有意避免使用替代材料，而是强调了材料和构造的一致性，以求指出一条经济可行的前进道路。根据目前对于建筑业的观察和总结，我们可以看到这条路已经走了多远。

接下来，本文将根据建造顺序，对参与项目的工业和行业进行简短介绍。为此，主要的建造过程将以图片的形式呈现，包括对构造和材料的描述和说明。除此之外，照片中还展示了现场安装预制成品的过程，以及室内空间的整体效果。通过以上内容，本文试图截取整个建造过程的一些断面，予以展现。

这一系列的概括性图像旨在提供一个全局视角，帮助我们看清各个因素之间的有机联系，理解新时代的建筑问题。

构 造 工 法

TECH NISCHE AUSFÜHRUNG

A 主体工程 ROHBAUARBEITEN

B 装修工程 AUSBAUARBEITEN

C 设备工程 INSTALLATIONSARBEITEN

D 室内布置 INNENEINRICHTUNG

主体工程 ROHBAU-ARBEITEN

水泥 ZEMENT

——当今最重要的建筑材料

用途：在从地基到烟囱的大部分主体结构中用作组成部分和连接材料。水泥成分是尤尔科石（Jurkostein）[1]、人造石、室内外抹灰（Terranova 牌）和石棉薄板（Asbest-schieferplatte）[2]。

水泥供应商：

■德国水泥协会有限公司（Deutscher Zementbund GmbH）经销 ■普吕兴股份两合公司（Prüssing & Co. KGaA）的萨克森 - 图林根波特兰（※）一种由英国人在 1824 年发明的硅酸盐水泥，用它制成的混凝土硬化以后的硬度、外观和颜色，都跟当时英国波特兰岛上所产的波特兰石很相近，因此而得名。由于用它配制成的混凝土具有足够的强度和耐久性，而且原料易得，造价较低，所以用途极为广泛。水泥工厂，在萨勒河畔哥施维茨（Göschwitz a. d. S.）制造

1　尤尔科石是一种类似混凝土的建筑材料，以其发明者 Jurko 公司命名。它是在常规混凝土配方中加入锅炉中燃烧剩下的炉渣，因此生产成本低廉。此外，炉渣形成的团状多孔结构还能降低重量，便于加工，也能提高保温隔热性能。

2　石棉是一种纤维状硅酸盐矿物，在 20 世纪 60、70 年代被认为是“奇迹纤维”，因为它耐热、耐火、耐酸，具有很强的拉伸性和弹性，并且易于和其他材料结合。因此，该材料曾经广泛应用于建筑、造船和汽车行业，甚至被用于制造老式家电。直到 20 世纪 80 年代末，人们才发现细小的石棉纤维容易导致肺部炎症和癌症，带来死亡风险，因此，自 1993 年以来，德国就不允许生产或使用石棉了，但是现在很多旧建筑中依然存在石棉。

墙壁和楼板
WAND UND DECKE

尤尔科石——大幅均质板材

快速建造·快速干燥·空气保温层·会呼吸的墙壁·保温·隔音·轻便·节省砂浆

主体工程记录：　　使用尤尔科石建造的墙体

对比砖墙，可以节约：	
煤炭	——因为无需燃烧
砂浆	——因为拼缝不多
运输成本	——因为自重较轻
建筑面积	——因为墙体较薄
劳务支出	——因为规格较大

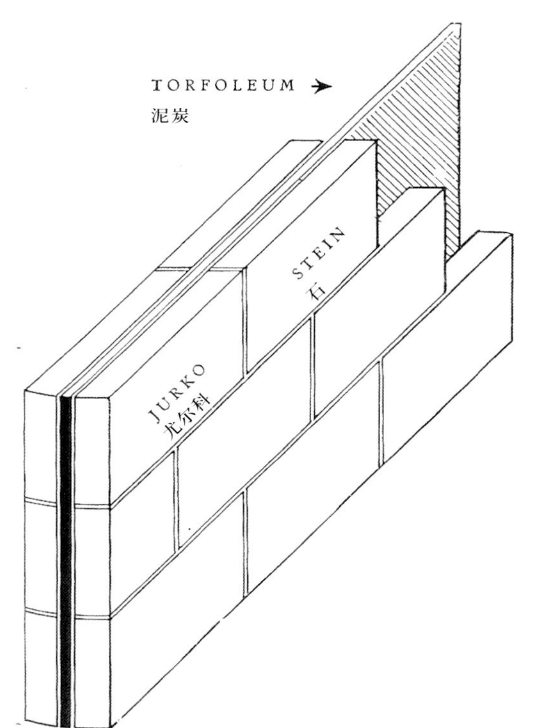

实验住宅中使用尤尔科石均质板材，板材之间通铺泥炭保温层

规格：
54 · 32 · 10 cm 和
32 · 26 · 8 cm

材料：
炉渣混凝土
（Schlackenbeton）
冲积石（Schwemmstein）
火山浮石（Bimsstein）
或者其他性质相似的
水泥基复合材料

主体工程记录：主入口区域室内

尤尔科石供应商：

■柏林建筑企业社会联盟（Verband Sozialer Baubetriebe GmbH）经销■诺德豪森工厂（Werk Nordhausen）制造

主体工程总施工方：魏玛社会建造所（Soziale Bauhütte）

在魏玛和布雷斯劳（Breslau）实践的建筑师埃米尔·朗格（Emil Lange）创造性地将尤尔科石应用在地下室楼板

排烟通风烟囱
RAUCH-UND LÜF-TUNGS-KAMINE

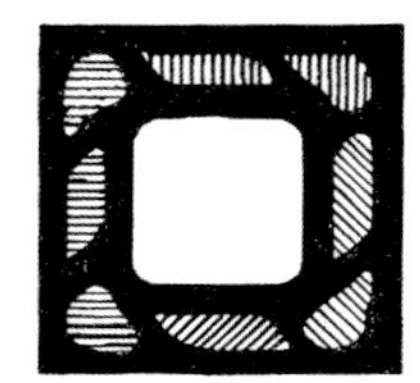

烟囱原理示意图

SCHEMATISCHE ZEICHNUNG DER KAMINFUNKTIONEN

肖佛（Schofer）牌

排烟通风两用烟囱：瓦普林恩蒸汽砖股份有限公司（Dampf-Ziegelei-AG Waiblingen）

材料：
钢筋加固的砖砾混凝土（Ziegelschot-terbeton），具有优良强度和耐火性的轻质耐火砖

■环绕烟道的隔离腔保证良好的通风条件■附加额外的通风通道■绝对防火，因为部件尺寸大、缝隙少（每 70 厘米有一条接缝）■没有吸力损失或烟尘干扰，力道强劲，因为烟道被空气隔离腔包围，从而避免了烟道冷却■安装简便■节省空间

应用：
主烟道用于中央供暖系统，通风管道对所有居室、浴室、厕所和地下室进行通风

空心砖楼板

HOHLSTEIN-DECKE

贝拉（BERRA）牌

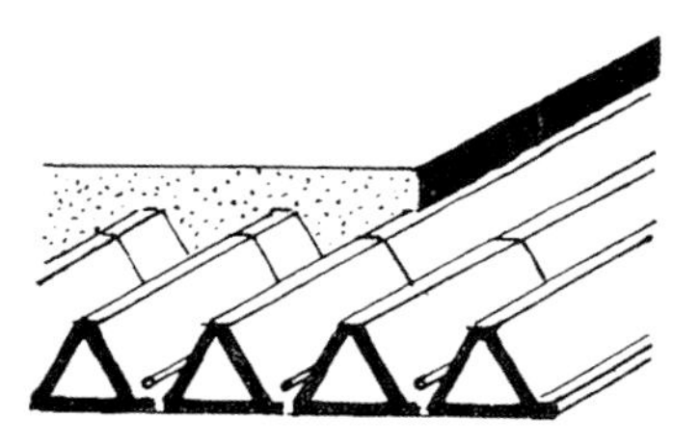

■砖的基本形状为三角形，因此可以形成稳定结构■像桁架杆件一样排列的接缝增强了结构的承载能力■自重轻，因此需要的钢筋（圆钢）很少■大面积空腔使其具有很高的隔音和保温性能，避免结露■一流的耐压陶瓷材料■在运输过程中不会出现破裂■安装简便，可广泛应用于各种场合■在我们的实验住宅中用作首层所有房间的楼板，极致轻盈地横跨在 6x6 米的中央大空间之上

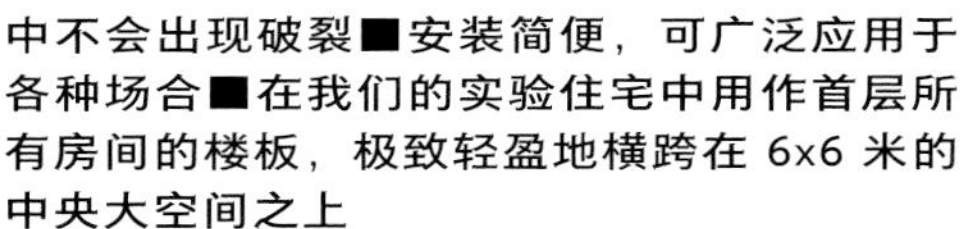

贝拉楼板安装过程 1.

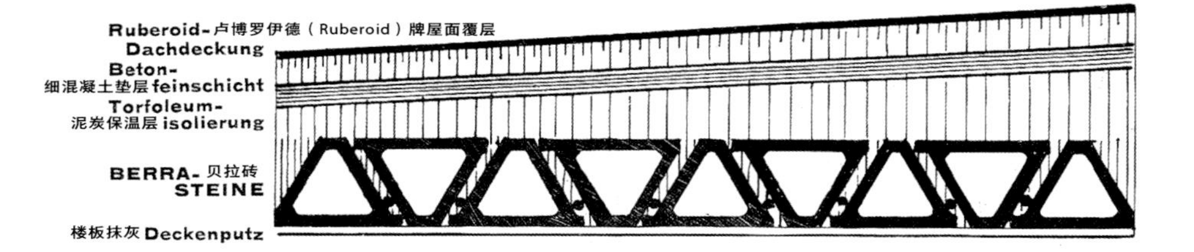

贝拉空心砖楼板：贝尔克斯－吕克公司（Berkes&Rücker），莱茵河畔沃尔姆斯（Worms am Rhein）

贝拉砖供应商：贝拉运营有限公司（Berravertriebs-GmbH），萨勒河畔瑙姆堡（Naumburg a. d. S.）

施工单位：霍灵股份有限公司（A. & K. Heuring AG），梅尔利希城，下弗兰肯（Mellrichstadt， Unterfranken）

贝拉楼板安装过程 2.

泥炭保温层 ISOLIE-RUNG TORFOLEUM

彻底地隔离

地板 · 墙体 · 楼板

泥炭轻质板材阻挡寒冷和炎热

■居室冬暖夏凉■重量轻而隔离能力强■减少墙体厚度■一次性减少墙砖用量、运输费用、劳务支出■长期节约取暖材料

●重要的建筑材料●

自流平水泥地面下的泥炭保温层

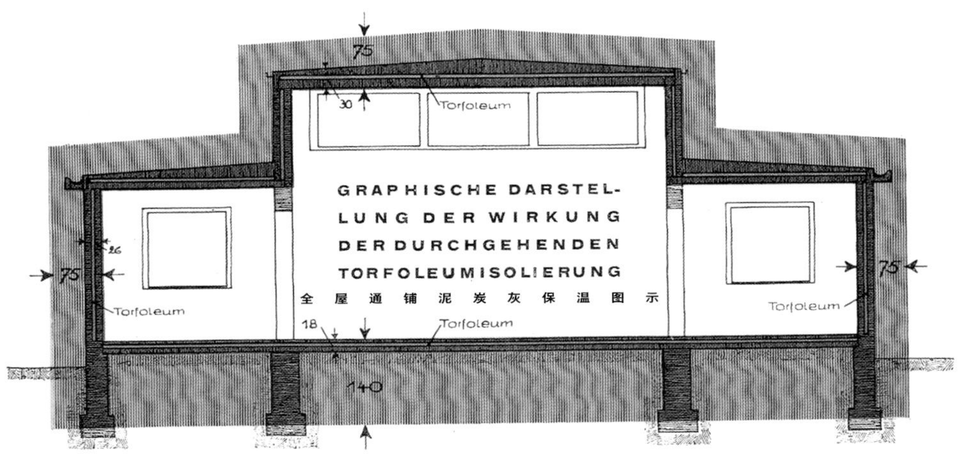

DIE ROT SCHRAFFIERTE FLÄCHE ZEIGT DIE ERFORDERLICHE STÄRKE VON FUSSBODEN, WAND UND DECKE IN ZIEGELSTEINMAUERWERK, UM DIE GLEICHE ISOLIERWIRKUNG OHNE TORFOLEUM ZU ERZIELEN

蓝色阴影区域表示，在砖墙结构中，如果不使用泥炭材料，还要达到同样的保温隔热要求的话，需要多少厚度的地板、墙体和楼板

（＊）原文为“红色”阴影区域，中文版设计中替换了原有颜色。

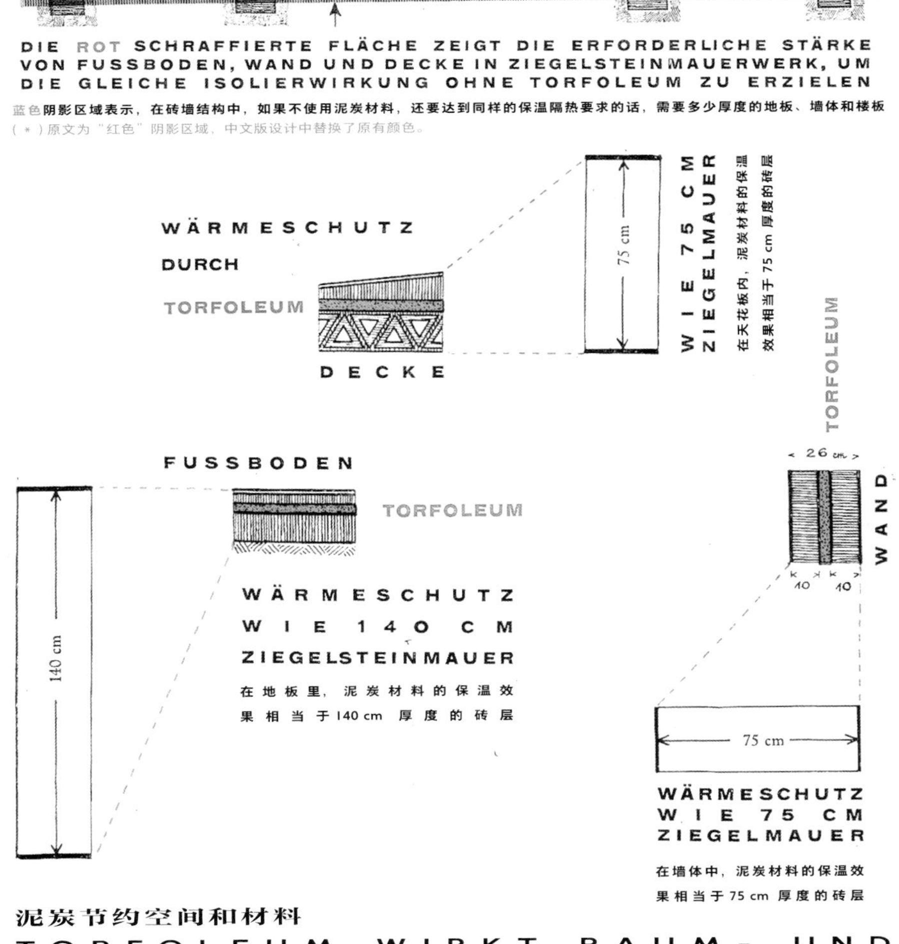

泥炭节约空间和材料

TORFOLEUM WIRKT RAUM- UND MATERIALSPAREND

铺设泥炭保温层

DIE AUSGEFUHRTE TORFOLEUM ISOLIERUNG

可以节约：

■墙体和屋顶整体造价的 25% ■中央供暖设备费用的 27%（供暖锅炉和辐射取暖器）■每年还有 82 份燃料费用

泥炭板供应商：

爱德华-杜克霍夫（Eduard Dyckerhoff）泥炭工厂

坡根哈根 50，吕本贝格新城（Neustadt am Rübenberge）

泥炭板在屋顶上的安装过程

屋　面　覆　层

DACHEINDECKUNG
RUBEROID

卢博罗伊德牌　汉堡卢博罗伊德股份有限公司

RUBEROID A.-G.
HAMBURG

■可以铺设在任意角度的屋顶上■可供步行■抗风暴■不会融化，因此可以长期保持干净■不会堵塞雨水管道■不需要保护涂层■可在墙壁、烟囱、采光窗等处连接，因此不需要锌制边框■可以涂抹颜色■没有气味且耐酸、气体和蒸汽侵蚀■具有隔离作用，因此耐热、保温

卢博罗伊德覆层　在屋顶上的　安装过程

特拉诺瓦牌

TERRANOVA

高级抹灰 ● 耐候性强 ● 不易损坏

■无需油漆涂层■室外立面抹灰和入口门厅处的室内墙面抹灰使用银灰色的特拉诺瓦抹灰

特拉诺瓦工业，弗莱洪，上普法尔兹（Freihung，Oberpfalz）

Fulgurit 富尔古利特牌

FULGURITAS BEST-SCHIEFER PLATTEN 石棉岩板

●高强度抗弯、抗拉、抗压、抗冲击，重量特别轻，弹性显著，耐冻和耐候性高，完全防水，极高的防火性能，热导率低，表面光滑均匀，便于运输

●预制建筑构件，可直接在工厂生产，安装简便，节省施工成本

阿道夫－厄斯特赫尔德（Adolf Oesterheld）的富尔古利特工厂，位于汉诺威温斯托夫的艾希里德（Eichriede bei Wunstorf，Hannover）。

供应用于窗台的富尔古利特水泥石棉板

人造石

KUNSTSTEIN

■具有可靠力学性能的建筑材料■颜色和颗粒大小各异■不受天然石材矿场位置限制，可以在任何地方生产，节省运输成本；可用于入口楼梯、地下室楼梯、地面、门斗、带踢脚线的地下室水泥地板以及花园台阶

人造石生产：约翰－赫尔曼－特雷必茨（Johann Hermann Trebitz）人造石和板材工厂，耶拿（Jena）

装修工程 AUSBAU-ARBEITEN

HB牌锻钢窗[1]

HB SCHMIDEEISERNE FENSTER

DRGM 注册产品[2]

赫尔曼－布恩海姆（Hermann Bulnheim），包岑（Bautzen）

■中心客厅上方的高侧窗，走廊上方的天窗，以及地下室的采光井■在工厂生产的可拼装建筑组件■具有承重结构，可以部分承担楼板的重量■窗框不易变形■纤细的窗棱和窗框增大了采光面积■建议引进住宅建筑领域

1　锻造是一种通过纵向轧制来减少坯料的截面积的工艺，在锻造后，成品会有更高的材料利用率和更好的表面质量和机械性能。

2　“Deutsches Reichsgebrauchsmuste”的缩写，表示物品的设计或功能在德国所有州内获得正式注册，受到保护。不过这不包括专利保护，专利权是通过申请德意志帝国专利（D.R.P.）来获得的。

木窗 BAUTISCHLERARBEITEN FENSTER

方 案 设 计： 国 立 包 豪 斯 学 校

客厅的木制旋转窗

■木框施工：马提尼（Martini）玻璃工坊，魏玛 ■旋转窗特制把手：阿诺尔迪（C. Arnoldi），汉堡 ■上油与打磨：洛维（S.A.Loevy），柏林 ■镜面玻璃安装：德国镜面玻璃工厂协会，莱茵河畔科隆

水晶镜面玻璃[3]

KRISTALLSPIEGELGLAS

■应用场所：所有居住楼层和地下室的窗户，其中一部分进行磨砂处理 ■所有墙壁和家具的镜面 ■家具和照明设备的玻璃部件 ■窗户、凳子、踢脚线、厨房和浴室的墙壁面板、洗脸台等 ■采用的是白、黑、红三色的不透明镜面玻璃

■玻璃表面被打磨得完全平整，因此可以营造柔和的光线，只有通过磨砂和抛光，玻璃材料的高级感才能显露出来（这对建筑内外的清晰效果而言至关重要）■让眼睛感到舒适，因为与不平整的普通窗玻璃相比，人们在望向室外时不会看到扭曲的图像■保温性好，因此无需使用双层窗户■宁和，可以减少来自街道的噪音■可以作为重要的建筑元素用于制作整面大窗，无需因为尺寸限制使用窗棱隔断■耐用，厚度为 6–8 毫米，优于 2–3 毫米厚的窗玻璃■更高的价格，不过更加经久耐用，抗风吹和冰雹打击，减少碎裂风险

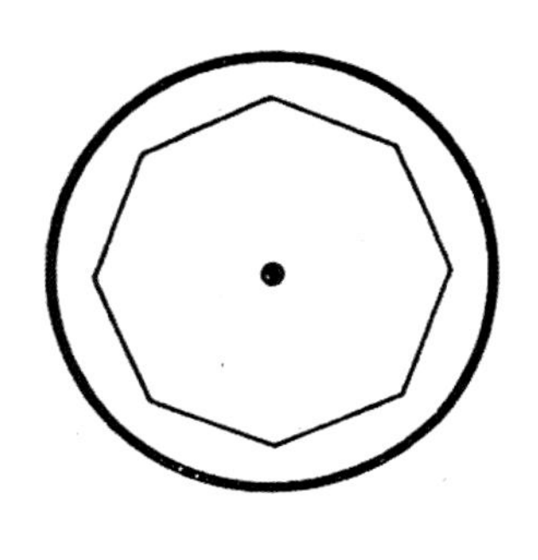

总供应商：

德国镜面玻璃工厂协会，莱茵河畔科隆

工厂：

西里西亚的河迹湖（Altwasser in Schlesien）

弗雷登（Freden）德国镜面玻璃股份有限公司，曼海姆瓦尔德霍夫（Waldhof bei Mannheim）

3　一种具有强烈折射光、透明无色、平整光滑的平板玻璃。早在 15 世纪，威尼斯就将沙子和碳酸钾混合，经过高温烧制，生产出晶莹剔透的玻璃，并将其吹捧为“水晶”。为了实现这种效果，通常需要加入金属氧化物或离子作为添加剂。而镜面玻璃以前仅用于镜子，现在也用于窗户，一开始是通过切割和抛光的手段获得平整的表面，现在则通常以浮法工艺进行生产。

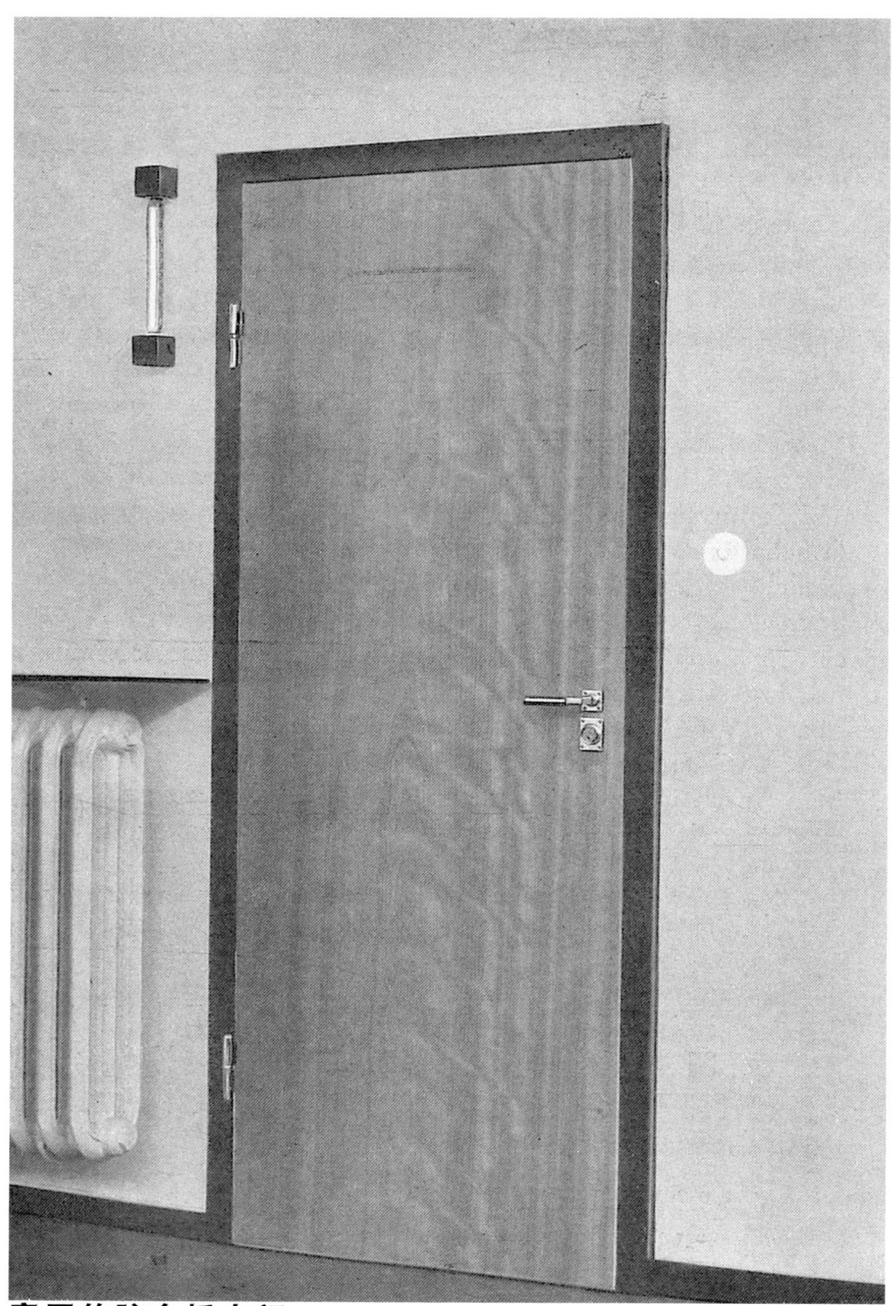

客厅的胶合板木门 SPERRHOLZTÜR IM WOHNZIMMER

●踢脚线：黑色不透明玻璃 ●灯具：镜面灯管（包豪斯金属工坊制作）

木门

BAUTISCH-LERARBEI-TEN TÜREN

■哈拉斯（M. Harras GmbH），伯伦（Böhlen）■胶合板木工厂■科普托克苏（Koptoxyl）板■不需要门框和填充的大幅光滑表面■不会变形■不需要木匠■批量生产，因此库存充足

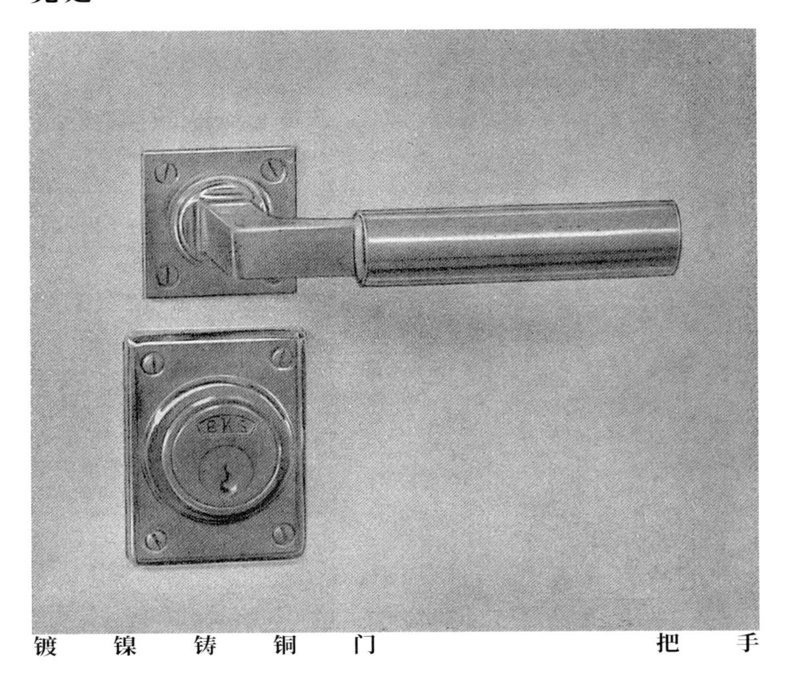

镀　镍　铸　铜　门　　　　　把　手

把手供应商：

洛维，柏林 N4

B.K.S. 安全圆形锁来自：

W. 罗什（W. Lösch），魏玛

门框 TÜRZARGEN MANNSTAEDT

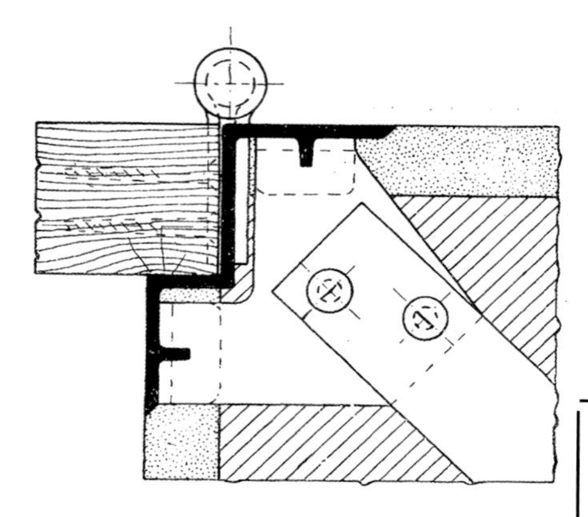

曼施德特（Mannstaedt）牌莱茵－威斯特法伦克吕克纳（Klöckner）工业股份有限公司，曼施德特工厂分部，科隆特罗斯多夫（Troisdorf bei Köln）

■和抹灰砂浆无缝连接■无需凿除砂浆■石锚铆接处隐藏在背面■门框侧面无铆钉印记■通过电焊连接门框角部型材，因此形成了牢固的整体框架■简单易清洁，因为没有槽纹■长期耐久，因此无需维修

批量生产：装配式成品建材；曼施德特门框

角部装饰件

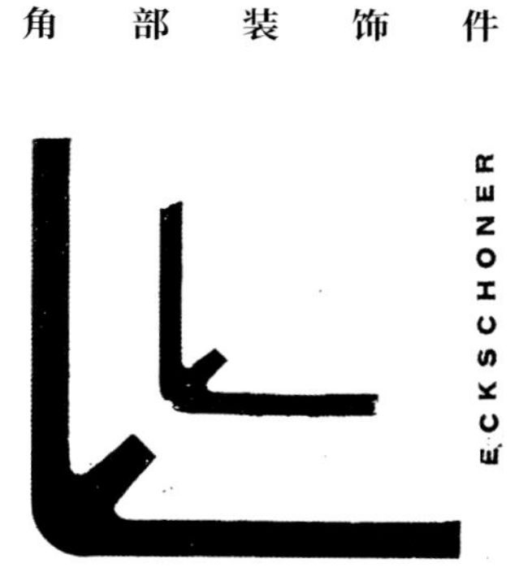

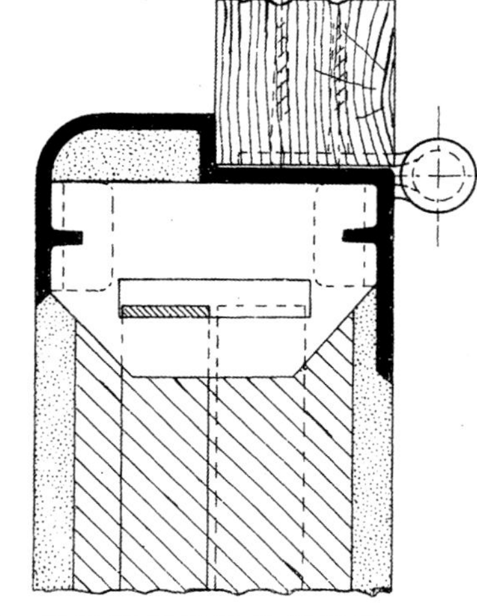

适用于厨房、浴室和厕所的曼施德特专利门框和角部装饰件

地板 FUSSBÖDEN

橡 胶 地 板 面 层

用 于 餐 厅 和 浴 室

■静音、弹性脚感■极佳的清洁度■可擦洗■不受温度变化影响■染色均匀■长期耐用的工业产品■具有保温隔热性能■理想的地面材料

哈 尔 堡 橡 胶 制 品 厂

凤 凰 股 份 有 限 公 司

Phönix AG

易 北 河 畔 哈 尔 堡

Harburg a. E.

*见第 99 和 101 页配图

TRIOLIN

三 合 纤 维 素 材 料[4]

■用于客厅、厨房、餐厅厕所和浴室的地板面层■工业产品，价格实惠且耐用■具有保温隔热性能■清洁度极佳■没有拼缝，因此清洁方便■不受温度影响■柔软舒适的脚感

VENDITOR

芬 迪 特 牌

●科隆洛特维尔（Rottweil）股份有限公司以及莱茵-北威诗普林（Spreng）材料工厂销售部经销，柏林 NW 40 ●莱比锡分公司制造

见第 93 和 94 页配图

4 一种于 1920 年代在德国开发的地板面层材料，主要由填料、糊化剂以及原来用于生产火药的硝酸纤维素三个部分组成，覆盖在麻纤维制成的织物上形成面层。因为可以利用一战后的旧有军工厂进行生产，所以这种材料造价低廉，被用作高品质油毡面材的平价替代品。然而，因为易燃和易释放有毒物质的特性，人们很快就不再使用它。

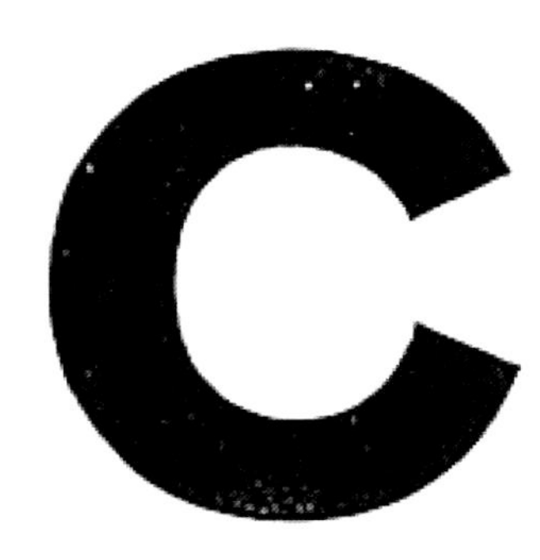

设备工程
INSTALLATIONSARBEITEN

1. 卫浴设备
   浴室、厕所、厨房和洗衣房的上下水、燃气和电力系统
2. 热力设备
   中央供暖，燃气和电力烹饪设备
3. 电气设备
   灯光、门铃和通讯设备

1. SANITÄRE INSTALLATION
卫浴设备

Triton
汉堡特里顿工厂股份有限公司

●供应适用于浴室、厕所和厨房的浴缸、洗脸台、水槽等产品●所有部件均可清洗

■容器和镀镍五金配件的表面光滑、无缝、简洁■白色、耐酸、不易损坏的材料（耐火陶瓷）■不留尘表面，无需封边■为主妇的日常操作提供了很大便利■清洁卫生的浴室和洗涤设施

浴 室 中 的 嵌 入 式 浴 缸
BAUTE WANNE UND
GASBADEOFEN IM BAD
和 燃 气 烧 水 器

TRITON
WERKE
HAMBURG
汉堡特里顿工厂

墙面和浴缸封边使用德国镜面玻璃公司
（莱纳河畔弗雷登）出品的雪花石膏玻璃

儿童房的洗脸台
WASCHTISCH IM KINDERZIMMER

TRITON WERKE HAMBURG

汉堡特里顿工厂

洗脸台使用德国镜面玻璃公司（莱纳河畔弗雷登）出品的雪花石膏玻璃制作

水晶镜面玻璃：

德国镜面玻璃工厂协会，莱茵河畔科隆

浴 室 的 洗 脸 台
WASCHTISCH IM BAD

TRITON
WERKE
HAMBURG
汉堡特里顿工厂

所有墙面使用德国镜面玻璃公司（莱纳河畔弗雷登）出品的雪花石膏玻璃制作

水晶镜面玻璃：
德国镜面玻璃工厂协会，莱茵河畔科隆

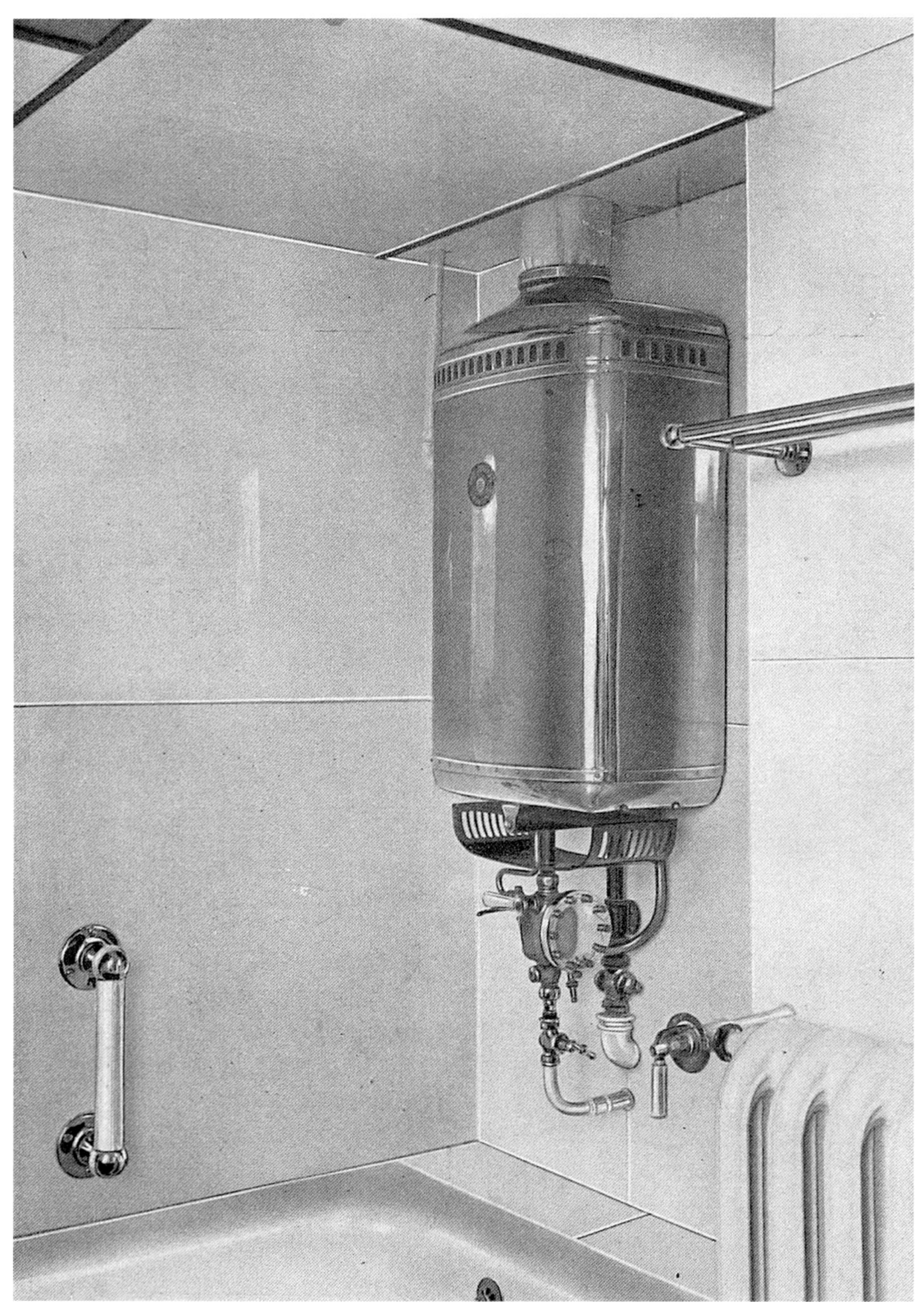

浴室的燃气烧水器 GASBADEOFEN IM BADEZIMMER

●德绍运克斯（Junkers）公司 ●墙面和天花板面板：白色不透明玻璃

●德国镜面玻璃公司，莱纳河畔弗雷登

厨 房 / 浴 室 热 水 供 应

K Ü C H E / B A D

德绍运克斯公司

WARMWASSER VERSORGUNG

厨房：运克斯教授速热烧水器

浴室：运克斯教授黄铜镀镍浴室烧水器

■极低的燃气消耗■光滑的机能造型■为主妇节省时间，减少劳动■占用空间小 ＊见第 65、66 页配图

KUCHENHERD

厨房炉灶　皇 家 牌

I m p e r i a l

● 煎 烤 两 用 气 炉 ● 双 面 烤 炉

D.R.P. 及 D.R.G.M 认 证

■光滑、易擦拭的造型■为主妇提供便利■无需点火■无需搬运木材和煤炭■充分利用供暖材料，因为可以方便地调节和关闭 ＊见第 75 页配图

佛 格 尔 (Vogel) 工 厂， 股 份 两 合 公 司，
威 斯 特 法 伦 州 本 德 市 (Bünde in Westfalen)

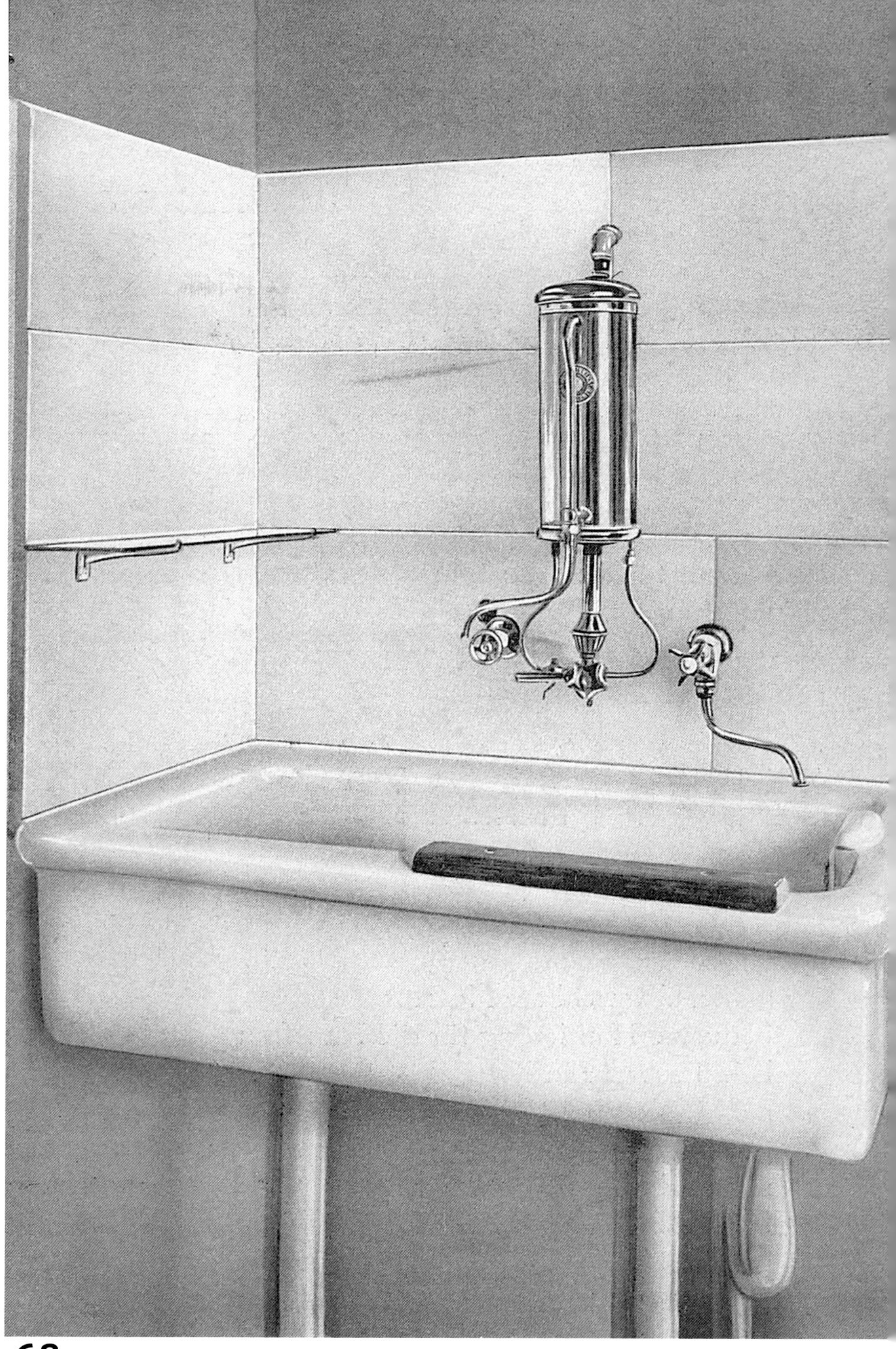

带速热烧水器的洗脸盆

AUFWASCHTISCH MIT SCHNELLWAS-SERERHITZER

TRITON WERKE HAMBURG

汉堡特里顿工厂

JUNKERS & CO. DESSAU

德绍运克斯公司

墙面板：

白色不透明玻璃

德国镜面玻璃公司，莱纳河畔弗雷登

厨 房 盥 洗 池
KÜCHE AUSGUSSBECKEN

TRITON
WERKE
HAMBURG
汉堡特里顿工厂

大面积白色不透明玻璃墙面
德国镜面玻璃公司，莱纳河畔弗雷登

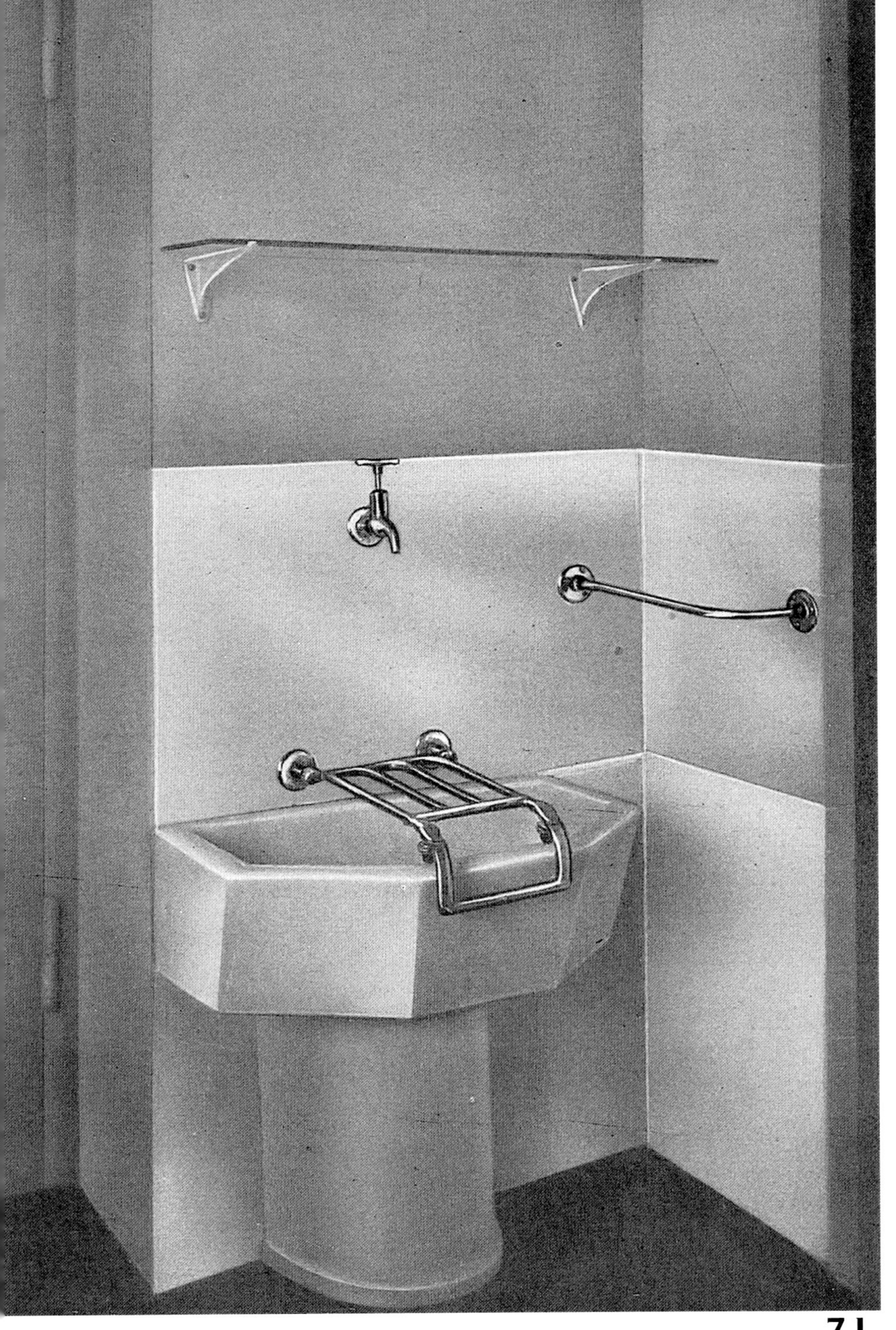

厨房洗脸盆、橱柜、工作台
KÜCHE AUFWASCHTISCH, SCHRANK, ARBEITSTISCH

设计：

B. 奥特（B. Otte）和 E. 盖博哈特（E. Gebhardt），国立包豪斯学校

模型大样：

T. 博格勒（T. Bogler），国立包豪斯学校

工业化生产：

费尔滕-伏旦（Velten Vordamm）陶瓷工厂，柏林费尔滕烹饪及烘焙器皿，杜拉克斯（Durax）玻璃，肖特-根（Schott & Gen）玻璃工厂，耶拿

厨房一角的燃气炉
KÜCHE TEILANSICHT MIT GASHERD

皇家牌厨房炊具，与工作台表面平齐
墙面板：
白色不透明玻璃
调料瓶模型大样：博格勒，
国立包豪斯学校陶瓷工坊
工业化生产：
费尔滕-伏旦陶瓷工厂，柏林费尔藤

彩色不透明玻璃
FARBIGES OPAKGLAS

浴室墙面和壁龛面板、厨房墙面装饰、暖气片盖板、窗台、踢脚线、洗脸台板和桌板

不透明玻璃是一种高级建材，它具有以下优良特质：

OPAK-GLAS
不透明玻璃

不像大理石那样多孔，可以轻松切割和加工成各种形状

OPAK-GLAS
不透明玻璃

具有平整的表面，没有钉孔等问题，不会风化，比经过淬火的彩色玻璃更加优越

OPAK-GLAS
不透明玻璃

不会折射光线，因此具有出色的反光效果，耐酸，不会被酸、碱或其他化学物质改变颜色，不吸油，因此始终保持美丽

OPAK-GLAS
不透明玻璃

适用于室内外墙面，具有无限的应用可能性
颜色：白色，黑色，红色和红色纹理以及其他颜色
边长可达 350 厘米，厚度从 6 到 32 毫米不等

德国镜面玻璃公司，莱纳河畔弗雷登
DEUTSCHE SPIEGELGLAS-A.-G.
FREDEN AN DER LEINE

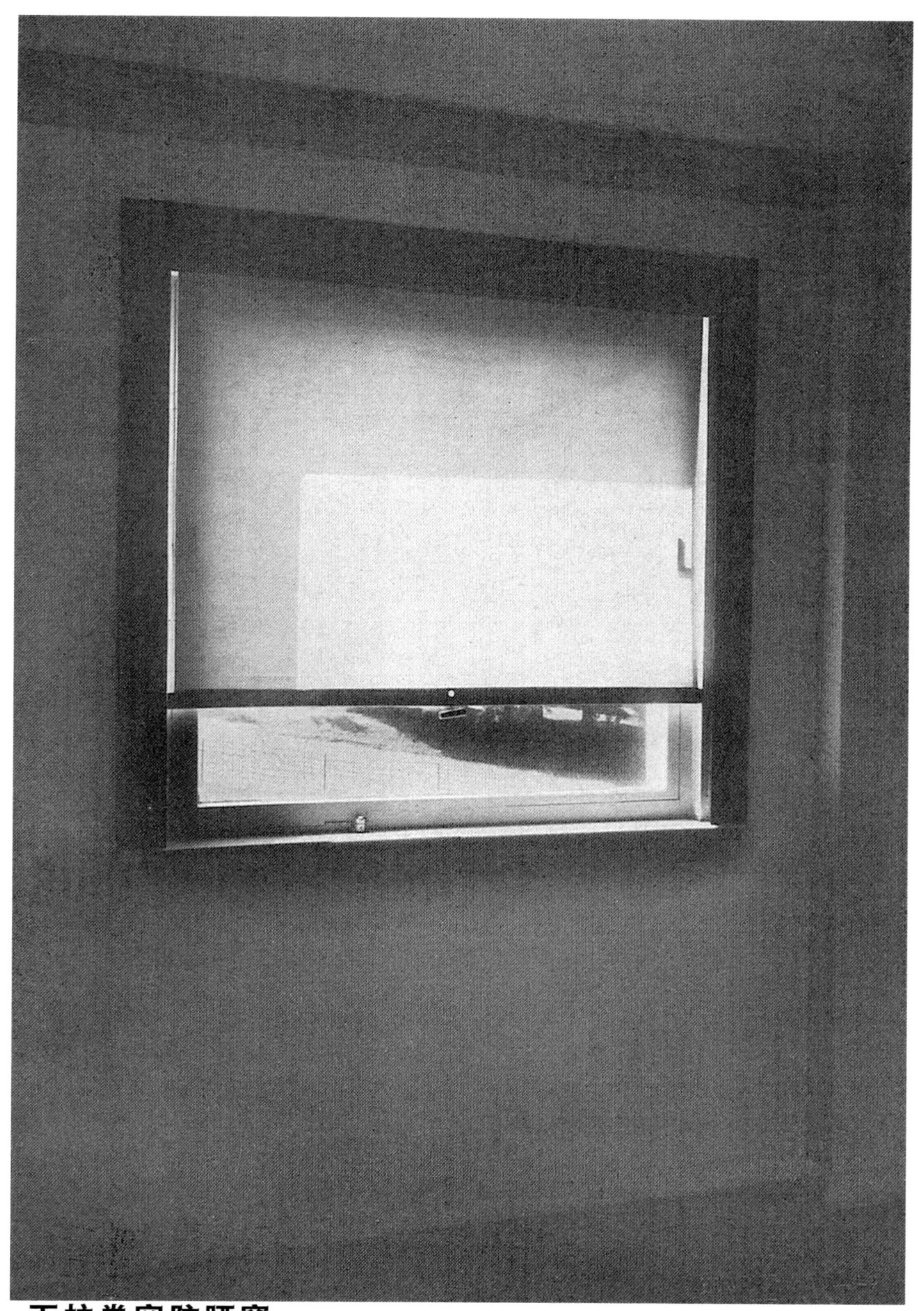

下拉卷帘防晒窗 **FENSTER MIT HERABGELASSENEM SONNENSCHUTZ**

●防晒卷帘：阿诺尔迪，汉堡，市政厅街 5 号　●窗台板：不透明玻璃

2.
WÄRMETECHNI-SCHE INSTALLATION
热力设备

中央供暖设备

Johannes Haag

约翰内斯-哈格，柏林-魏玛

●中央供暖工厂

中央供暖设备的好处：

■将燃料和锅炉集中在一个地方■无需在房间内搬运燃料■操作简单，调节方便，减少劳动■充分利用燃料■房屋整体均匀受热■占用空间较少的取暖设备形式■不积灰尘

取暖器：柏林-伯格（Burger）铁器工厂股份有限公司，柏林W8

*见第79页

使用不透明玻璃板制作的取暖器盖板 HEIZKÖRPER MIT OPAKGLASPLATTEN

●取暖器：柏林 - 伯格铁器工厂

3. ELEKTRISCHE INSTALLATION

电气设备

■电力是机械化生产最重要的工具——可以节约时间、劳力和空间。与电气工业相关的工业产品已经在类型化生产方面取得了进步。■标准化的设备零件具有诸多优点：轻松维修、可更换零件、可随处购买。

Lichtanlage

灯具

柏林通用电气公司

AEG

合作伙伴

柏林欧司朗公司

Osram

在安排光源、分配光量以及规划光效时，我们尝试将人工照明有机地融入到各个空间场景中

男士卧室灯具　包豪斯金属工坊 BELEUCHTUNG IM ZIMMER DES HERREN

●照明灯管：柏林欧司朗公司

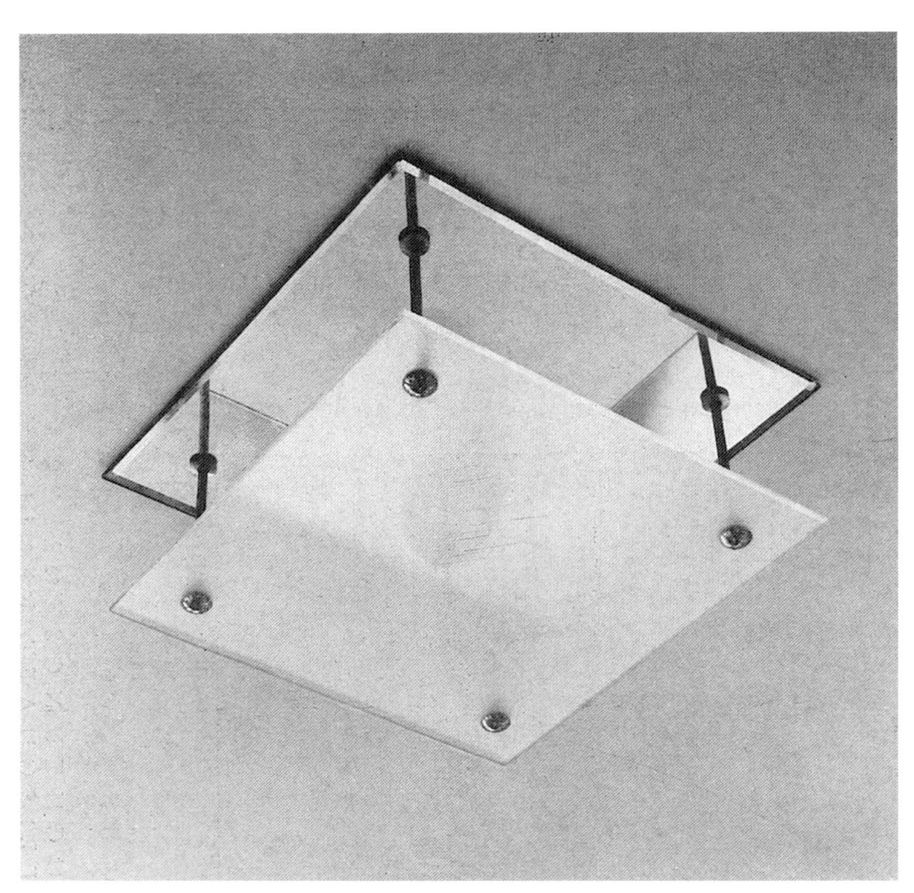

餐 厅 灯 具 **包 豪 斯 金 属 工 坊**

采用水晶镜面玻璃，顶板镀膜，底板磨砂处理

客房和厕所灯具　　　　将陶瓷零件嵌入天花板

J. 卡尔（J. Karl）电气工厂，上魏玛（Oberweimar）

开关　面板
SCHALTTAFEL

北威-安哈尔特，柏林诗普林材料公司
瓦萨格电气开关
WASAG

■一种新型的人造材料——瓦萨吉特（Wasagit）压制材料■具有很高的绝缘性能和机械强度■完全不吸湿■可以在不取下墙板的情况下更换保险元件并安装新的电路

KLINGELLEITUNG　TELEPHONANLAGE
门铃线路　通讯设备
图林根通讯公司，埃尔福特(Erfurt)

家庭清洗设施
HAUSWÄSCHEREI EINRICHTUNG

约翰(J. A. John)股份有限公司，埃尔福特-伊费斯格霍芬(Ilversgehofen)附带燃气取暖器和电力驱动设备的家庭清洗设施

机械化执行大型家务

■节约 75% 的取暖和洗涤材料、时间及劳力 ■保护衣物

整座建筑的照片，从西南方向拍摄

GESAMTAUFNAHME VON SÜD-WEST GESEHEN

D 室内布置

DINNENEINRICHTUNG

石雕工坊

哈特维格 (Jos. Hartwig) ●房屋模型

木工工坊

马塞尔·布劳耶 (Marcel Breuer) ●客厅和女士房间

阿尔玛·布舒尔 (Alma Buscher) ●儿童房间

埃里希·布伦德尔 (Erich Brendel) ●儿童房间

埃里希·迪克曼 (Erich Dieckmann) ●餐厅和男士房间

贝妮塔·奥特 (Benita Otte) ●厨房

恩斯特·盖博哈特 (Ernst Gebhardt) ●厨房

金属工坊

阿尔玛·布舍 (Alma Buscher) ●儿童房间照明

C·J·尤克尔 (C. J. Jucker) ●书桌灯具

朱利叶斯·帕普 (Julius Pap) ●客厅落地灯

WERKSTATTEN
工　　　坊

宅过程中共同发挥了作用：

墙绘工坊

阿尔弗雷德·阿恩特 (Alfred Arndt) ●室内墙绘

约瑟夫·马尔坦 (Joseph Maltan) ●室内墙绘

纺织工坊

利斯·戴因哈特 (Lis Deinhardt) ●男士房间地毯

玛塔·厄尔普斯 (Martha Erps) ●客厅地毯

贝妮塔·奥特 (Benita Otte) ●儿童房间地毯

阿格内丝·罗格 (Agnes Roghé) ●女士房间地毯

古恩特·施特策尔 (Gunte Stölzel) ●客厅角落地毯

陶瓷工坊

泰奥·博格勒 (Theo Bogler) ●陶瓷器皿

奥托·林迪格 (Otto Lindig) ●陶瓷器皿

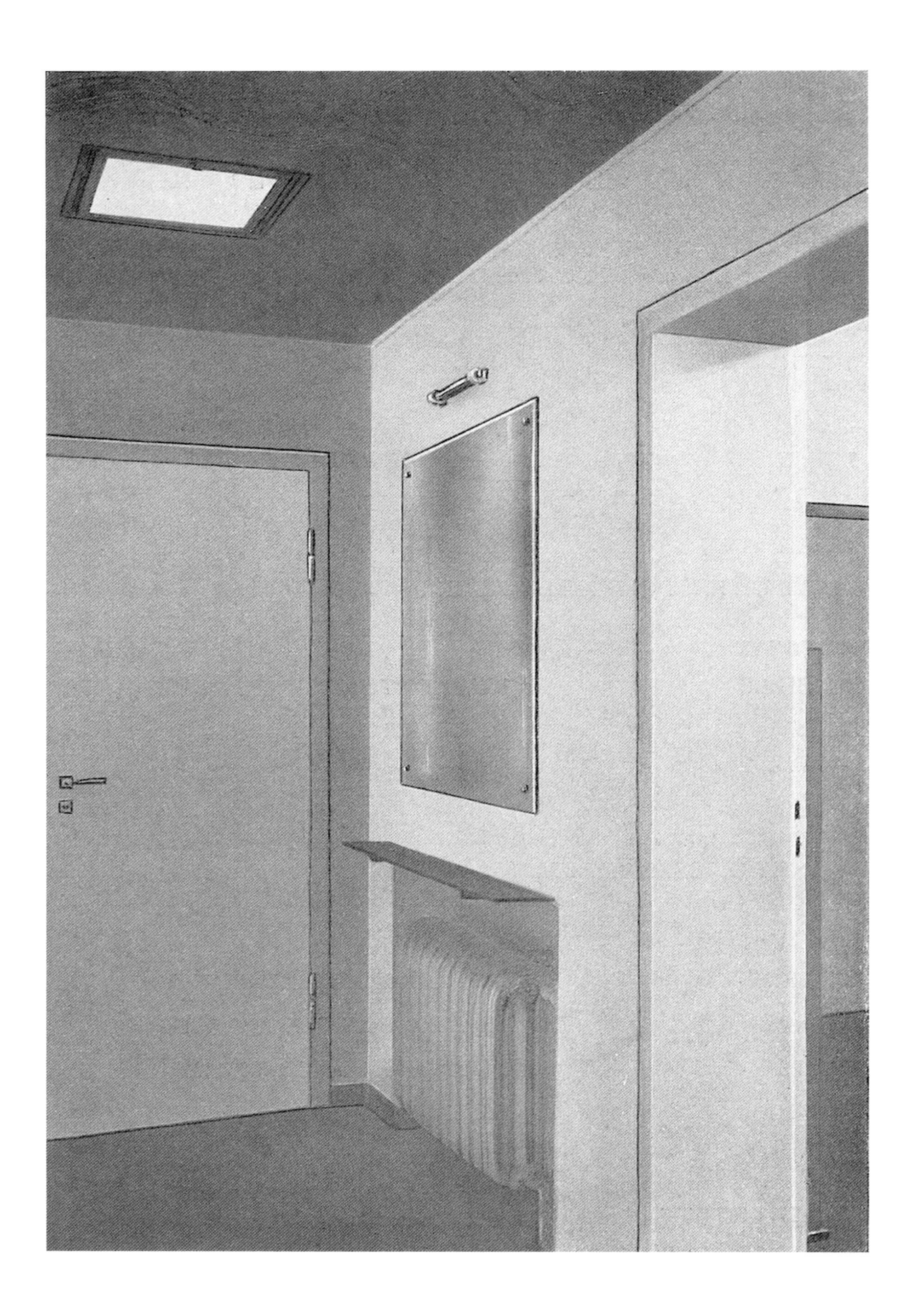

玄关
VORPLATZ

取暖器不透明玻璃盖板与穿衣镜的组合：
德国镜面玻璃公司，
莱纳河畔弗雷登曼施德特门框
天窗：
HB锻钢窗

带工作区域的客厅
WOHNZIMMER MIT ARBEITSNISCHE

书桌设计：

M. 布劳耶（M. Breuer）

书桌制作：

国立包豪斯学校

高窗：

HB锻钢窗

三合纤维素地板

客厅柜子
SCHRANK IM WOHNZIMMER

柜子设计：
M. 布劳耶（M. Breuer）
哑光处理的灰色枫木、红色紫檀木、匈牙利白蜡木，抛光处理的黑色梨木
五金件镀镍抛光处理
取暖器上覆盖不透明玻璃盖板
三合纤维素地板

从餐厅望向客厅
BLICK IN DAS WOHNZIMMER VOM ESSZIMMER GESEHEN

家具设计：
M.布劳耶（M. Breuer）
家具制作：
国立包豪斯学校
地毯设计和制作：
M.厄尔普斯（M. Erps）
地毯编织：
国立包豪斯学校
取暖器上覆盖黑色不透明玻璃盖板

餐厅
ESSRAUM

设计：

E.迪克曼（E. Dieckmann）

落地：

国立包豪斯学校

家具材料：

哑光处理的黑色橡木，椅面使用自然原色的灯芯草编织，桌面为灰色鸟眼枫木，覆盖水晶镜面玻璃桌板

红白蓝三色的橡胶地板

餐厅

ESSRAUM

设计：

E.迪克曼(E. Dieckmann)

落地：

国立包豪斯学校

家具材料：

哑光处理的黑色橡木，椅面使用自然原色的灯芯草编织，桌面为灰色鸟眼枫木，覆盖水晶镜面玻璃桌板

红白蓝三色的橡胶地板

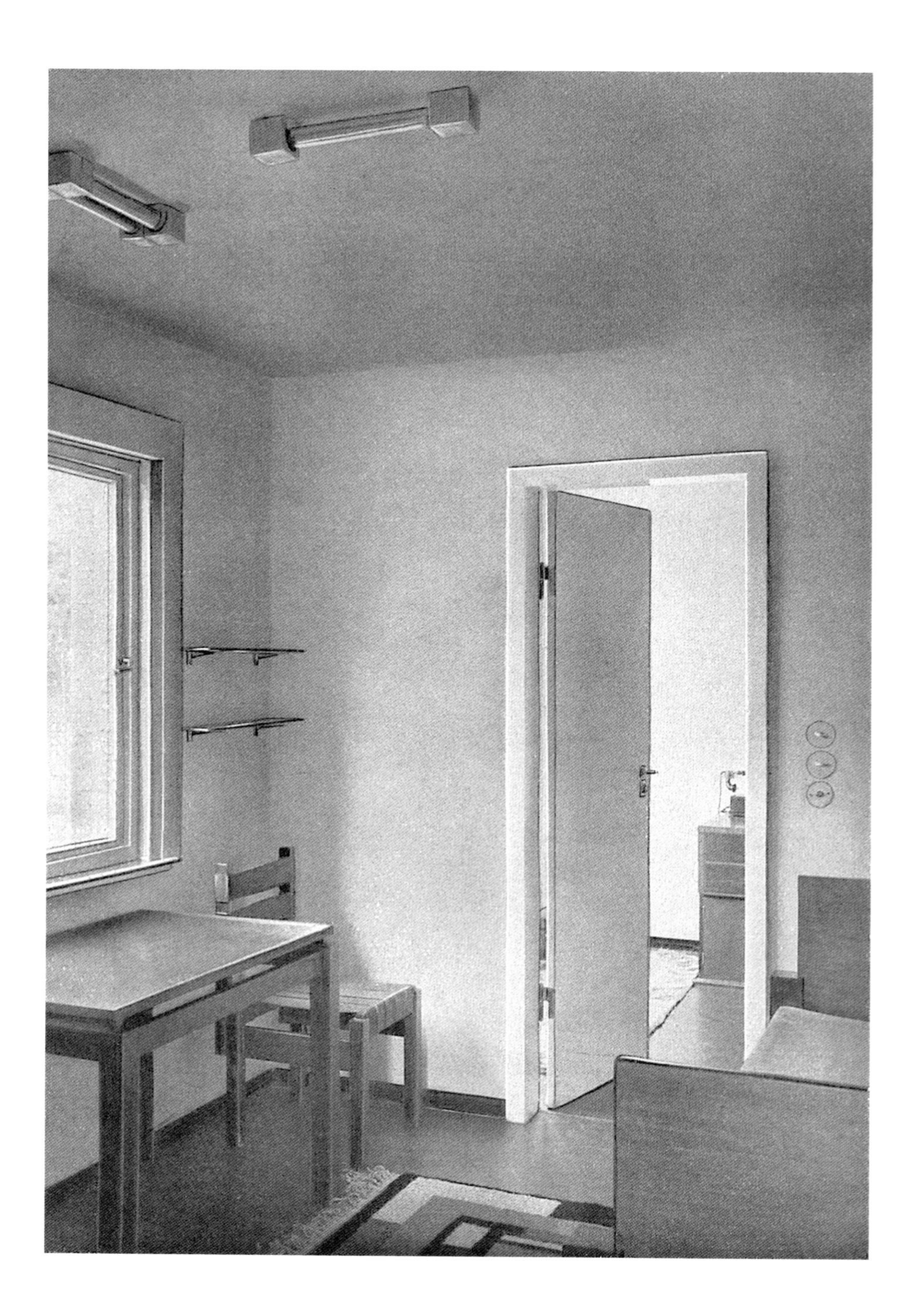

男士房间
ZIMMER DES HERREN

设计：
E. 迪克曼（E. Dieckmann）
落地：
国立包豪斯学校
家具材料：
哑光处理的红色紫檀木、黑色橡木
寝具布品：
L. 戴因哈特（L. Deinhardt）
编织：
国立包豪斯学校
灯具：
莫霍利-纳吉（Moholy-Nagy），包豪斯金属工坊

从男士房间望向浴室
ZIMMER DES HERREN
BLICK IN DAS BAD

设计：
E. 迪克曼（E. Dieckmann）
落地：
国立包豪斯学校
家具材料：
哑光处理的红色紫檀木、黑色橡木
灯具：
包豪斯金属工坊

从儿童房望向厨房里的餐厅，视线通透
KINDERZIMMER MIT DURCHBLICK D. DEN ESSRAUM IN DIE KÜCHE

设计：
A. 布舒尔（A. Buscher）和E. 布伦德尔（E. Brendel）
落地：
国立包豪斯学校
墙面：
彩色木饰面板，可以用作写字板和画板
颜色丰富的玩具积木块，供孩子搭建和坐憩
储存儿童木偶剧道具的壁柜
灯具：
磨砂处理的圆形镜面玻璃片

女士房间
ZIMMER DER DAME

设计：

M.布劳耶(M. Breuer)

落地：

国立包豪斯学校

家具材料：

柠檬木、胡桃木

地毯设计和制作：

A.罗格(A. Roghé)

地毯编织：

国立包豪斯学校

女士房间梳妆台
TOILETTETISCH DER DAME

设计及制作：
M. 布劳耶（M. Breuer），国立包豪斯学校，柠檬木、胡桃木
五金部件：
镀镍抛光处理
可移动镜子

从花园入口大门看到的 建筑整体形象

GESAMTAUFNAHME MIT GARTENEINGANGSTOR

鲁道夫·巴施安特（Rudolf Baschandt）：
花园规划和花园大门

古斯塔夫·阿伦特（Gustav Arendt）家族公司，魏玛：
使用线网连接装置围合花园，连接装置专利来自罗斯托克（Rostock）北方线材工厂，由代表理查德·特赖瑟（Richard Treiße）在科堡（Coburg）运营

康拉德·格拉姆（Conrad Gramm），园艺苗圃，魏玛：
花园布置

室内布置工程的其他参与人员：

G. & H. 舒泽（G. & H. Schütze），花园木匠师傅，柏林城市街 64 号：为女士卧室提供嵌入式壁柜和门。

A. 费恩（A. Finn），木工师傅，魏玛：门框和饰面。

保罗和恩斯特·梅耶（Paul und Ernst Meyer），铁匠师傅，魏玛：锁具和五金制品加工。

威尔海姆·洛舍（Wilhelm Löscher），魏玛：提供锁具和五金配件。

鲁道夫·海恩泽（Rudolf Heinze），魏玛：特拉诺瓦产品交付。

卡尔·施密特（Karl Schmidt），工程师，魏玛：卫浴设备安装。

赫尔曼·巴赫曼（Hermann Bachmann），魏玛：电气设备安装。

三拓（Santo）“吸血鬼”吸尘器，柏林。

恩斯特·克劳斯（Ernst Kraus），魏玛：玻璃饰面、水晶和不透明玻璃的安装。

古斯塔夫·阿伦特家族公司，魏玛：专利弹簧床垫，用于女士、男士和儿童房的床铺。

费尔滕 - 伏旦陶瓷工厂，柏林费尔藤：根据包豪斯制作的模型提供陶瓷餐具。

肖特 - 根玻璃工厂，耶拿：为厨房提供玻璃容器（杜拉克斯玻璃烤盘）。

图书在版编目（CIP）数据

号角屋：包豪斯实验住宅 /（美）阿道夫 · 梅耶(Adolf Meyer) 著；刘忆译 . -- 重庆 : 重庆大学出版社 , 2024. 12. --（包豪斯经典译丛）.-- ISBN 978-7-5689-4909-5

Ⅰ . TU2

中国国家版本馆 CIP 数据核字第 2024YS7088 号

号角屋：包豪斯实验住宅
HAOJIAOWU: BAOHAOSI SHIYAN ZHUZHAI
[美] 阿道夫 · 梅耶 (Adolf Meyer)　著
刘忆　译

策划编辑：姚颖　　责任编辑：姚颖
责任校对：刘志刚　　责任印制：张策
书籍汉化设计：马仕睿 / 臧立平 @typo_d

重庆大学出版社出版发行
出版人：陈晓阳
社址：(401331) 重庆市沙坪坝区大学城西路 21 号
网址：http://www.cqup.com.cn
印刷：天津裕同印刷有限公司

开本: 890mm×1240mm　1/32　印张: 3.75　字数: 69 千
2024 年 12 月第 1 版　　2024 年 12 月第 1 次印刷
ISBN 978-7-5689- 4909-5　定价：42.00 元